Linguistische
Arbeiten 133

Herausgegeben von Hans Altmann, Herbert E. Brekle, Hans Jürgen Heringer, Christian Rohrer, Heinz Vater und Otmar Werner

Spräche, Diskurs und Text

Akten des 17. Linguistischen Kolloquiums
Brüssel 1982
Band 1

Herausgegeben von René Jongen,
Sabine De Knop, Peter H. Nelde,
Marie-Paule Quix

Max Niemeyer Verlag
Tübingen 1983

CIP-Kurztitelaufnahme der Deutschen Bibliothek

Sprache, Diskurs und Text :
Brüssel 1982 / hrsg. von René Jongen . . . – Tübingen : Niemeyer, 1983.
(Akten des . . . Linguistischen Kolloquiums ; 17, Bd. 1)
(Linguistische Arbeiten ; 133)
NE: Jongen, René [Hrsg.]; Linguistisches Kolloquium:
Akten des . . . Linguistischen . . . ; 2. GT

ISBN 3-484-30133-3 ISSN 0344-6727

 Printed in Germany. Druck: Weihert-Druck GmbH, Darmstadt.

INHALTSVERZEICHNIS ZU BAND 1

4. TEXTLINGUISTIK UND FACHSPRACHEN

5. DISKURSANALYSE

INHALTSVERZEICHNIS ZU BAND 2

VORWORT

Das 17. Linguistische Kolloquium war vom 15. bis zum 17. September 1982 zu Gast in Brüssel. Die Sprachwissenschaftler der FUSL und der UFSAL organisierten in Zusammenarbeit mit dem Centre de Recherche en Sémiotique und der Forschungsstelle für Mehrsprachigkeit (FFM) eine Tagung, die formal wie inhaltlich neue Akzente setzte. Zum einen wurde durch die Mitarbeit der Forschungsinstitute ein neuer Teilnehmerkreis angesprochen, zum anderen ergab der mehrsprachige Veranstaltungsrahmen ein so breites linguistisches Spektrum, dass Vertretern aller Schulen und Richtungen ein Diskussionsforum geboten werden konnte.

Wiederum wurden die Referate in zwei Bänden zusammengefasst:

Band 1 Sprache, Diskurs und Text: 22 Beiträge.

Band 2 Mehrsprachigkeit und Gesellschaft: 24 Beiträge.

Getreu einer nunmehr nicht mehr ganz jungen Tradition, haben die Autoren einen grossen Teil der Druckvorlagen selbst erstellt. Sie bleiben für Form und Inhalt selbst verantwortlich.
Die Herausgeber haben sämtliche Beiträge, die als Referate während des Brüsseler Kolloquiums vorgetragen wurden, in diese beiden Bände aufgenommen.

Die Veranstalter der Tagung und Herausgeber dieser Akten möchten ihre tiefe Zufriedenheit darüber kund tun, dass dieses gelungene Kolloquium einen Anstoss zur Zusammenarbeit der französischen (FUSL) und niederländischen (UFSAL) Universitätsfakultäten Brüssels über die Sprachgrenzen hinweg bildete.
Unser Dank gilt deshalb allen Kollegen, die sich an der Organisation beteiligten, den verantwortlichen Rektoren, Dekanen und Leitern der beteiligten Forschungszentren für ihre aktive Unterstützung bei der Vorbereitung dieses internationalen Treffens,

vor allem aber der Gastgeberin FUSL, dank deren Unterstützung die Durchführung der Tagung erst ermöglicht wurde.

Ein Dankeschön allen Gästen, Vortragenden, Zuhörenden und Diskutierenden für ihre engagierte Teilnahme!
Das 17. Linguistische Kolloquium hat gezeigt: Linguistik kann auch Spass machen!

Brüssel, am 6. Januar 1983

René Jongen
Sabine De Knop
Peter H. Nelde
Marie-Paule Quix

1. ZEICHENAUSDRUCK UND MOTIVIERUNG

LA DELIMITATION EN RAPPORT AVEC L'INTONATION CULMINATIVE

Claire-Antonella Forel, Le Lignon

Dans son article intitulé "Traits oppositionnels et traits contrastifs", L.J. Prieto propose de considérer que le signifiant de la phrase "se présente comme un tout articulé". C'est ce "tout articulé", que Prieto appelle le "système phonologique", qui, selon lui, "constitue l'objet de la phonologie" (pp. 23-24). Il veut indiquer par là que la division assez étanche entre les divers domaines de la phonologie, entre la phonématique et la prosodie en particulier, peut à la rigueur se justifier pour des raisons pratiques, mais ne repose sur aucune raison théorique.

Dans le système phonologique ainsi conçu, on peut dégager des unités plus vastes que le phonème. Si l'on constate par exemple que dans une langue le signifiant de la phrase n'est jamais composé d'un ou de plusieurs phonèmes quelconques, mais toujours d'un ou de plusieurs groupes de phonèmes qui se caractérisent d'une certaine manière, il convient de considérer alors que les unités phonologiques qui entrent dans la composition du signifiant de la phrase ne sont pas directement les phonèmes, mais les unités que constituent les groupes en question. Un signifiant composé de plusieurs de ces groupes sera divisible en autant de parties, chacune desquelles sera susceptible de constituer à son tour, et sous certaines conditions, le signifiant d'une phrase à elle seule. Il se peut que les unités constituées par ces groupes ne soient pas non plus composées d'un ou de plusieurs phonèmes quelconques mais de groupes de phonèmes caractérisés à leur tour d'une certaine façon. Dans ce cas, les unités en question ne se composent pas non plus directement de phonèmes, mais des unités que constituent à leur tour ces groupes. Le signifiant de la phrase apparaît alors comme composé d'unités, lesquelles apparaissent à leur tour comme composées d'ordre inférieur, c'est-à-dire encore "plus petites", etc. C'est ainsi que Prieto considère que le signifiant de la phrase constitue un "tout articulé" dans lequel les unités s'étalent sur des niveaux différents.

L'espagnol, par exemple, est une langue dans laquelle le signifiant de la phrase est composé, du point de vue phonologique, d'unités que Prieto appelle les "mots phonologiques". Ces unités ne se composent pas non plus d'un ou de plusieurs phonèmes quelconques, et cela permet de dire qu'elles ne se composent pas directement de phonèmes, mais d'unités que Prieto appelle les syllabes, celles-ci seulement se composant directement de phonèmes. Dans cette optique, les phonèmes apparaissent comme des unités qui composent des unités d'ordre supérieur sans être à leur tour composées d'unités "plus petites"[1]. En français, il n'y a entre le signifiant de la phrase et le phonème qu'une seule unité intermédiaire, à savoir la syllabe. Le signifiant de la phrase française est en effet composé, du point de vue phonologique, d'autant de parties qu'il y a de syllabes, chacune desquelles est susceptible de constituer à elle seule, et sous certaines conditions, le signifiant de la phrase.

Une des manières de caractériser ces groupes de phonèmes, et la seule que l'on ait mis en évidence, même s'il en est peut-être d'autres théoriquement possibles, est la présence d'une unité - qui peut être à son tour un phonème ou un groupe de phonèmes - d'ordre immédiatement inférieur, remplissant ce que l'on appelle la "fonction culminative". Cette unité caractérise phoniquement l'unité d'ordre supérieur par le fait qu'elle y apparaît toujours une fois et seulement une fois. Le mot phonologique par exemple, se caractérise en espagnol par la fonction culminative de la syllabe accentuée, puisque le signifiant d'une phrase comporte nécessairement au moins une syllabe accentuée et, s'il en comporte plusieurs, il est divisible en autant de parties chacune desquelles pourrait, du point de vue phonologique, constituer à elle seule le signifiant d'une phrase. A son tour, la syllabe se caractérise grâce à la fonction culminative que possèdent les phonèmes vocaliques, puisqu'un mot phonologique comporte toujours au moins un de ces phonèmes et, s'il en comporte plusieurs, il est divisible en autant de parties chacune desquelles pourrait, à condition de recevoir l'accent, constituer à elle seule un mot phonologique.

Prieto ne mentionne que très brièvement ce qu'il appelle la "courbe mélodique complète". Ce qu'il dit permet de conclure qu'il se réfère à l'intonation ayant une fonction culminative. C'est en effet cette intonation qui caractérise les unités de plus haut niveau dans la hiérarchie des unités phonologiques et les seules qui "ont une existence indépendante" (Opposition et contraste p. 23), c'est-à-dire les signifiants des phrases. En généralisant, nous pouvons dire que la condition à laquelle une unité d'ordre inférieur peut constituer à elle seule l'unité d'ordre supérieur consiste dans le fait d'assumer la fonction culminative qui caractérise cette dernière. Ainsi, en espagnol, chacune des syllabes qui composent un mot peut constituer à elle seule un mot, mais à condition de recevoir l'accent et d'assumer ainsi la fonction culminative qui caractérise cette dernière unité. De même, chacun des mots phonologiques qui composent le signifiant d'une phrase peut constituer à lui seul le signifiant d'une phrase à condition de recevoir une courbe mélodique complète, assumant ainsi la fonction culminative qui caractérise le signifiant de la phrase. En français, la syllabe pourra constituer à elle seule le signifiant d'une phrase à condition de recevoir la courbe mélodique complète[2].

S'il n'y a pas lieu de considérer une unité phonologique d'ordre supérieur au-dessus du signifiant de la phrase, par exemple celle que constituerait le signifiant du discours, c'est parce que, même si le signifiant du discours peut comporter, et comporte très souvent, plusieurs signifiants de phrases et est donc analysable en autant de parties chacune desquelles peut constituer à elle seule le signifiant d'un discours, il n'y a aucune condition à cela, c'est-à-dire qu'il n'y a pas de fonction culminative que le signifiant d'une phrase devrait assumer pour devenir à lui seul le signifiant d'un discours.

Prieto a donc raison de considérer le signifiant de la phrase comme la seule unité phonologique qui a une existence indépendante. Dans cette unité, la courbe mélodique complète remplit certes une fonction culminative. Mais elle peut remplir encore une autre fonction, dont Prieto ne parle pas, et qui est celle que Troubetzkoy appelle tantôt "démarcative", tantôt "délimitative"[3]. Dans les quelques 25 pages que cet auteur consacre à cette fonction, on n'en trouve pas de définition au sens strict, mais il est clair que pour lui la "fonction démarcative est (celle) exercée par des procédés phonologiques spéciaux qui signalent l'existence (... d'une) limite en un point déterminé du courant sonore continu" (Principes de phonologie, p. 291). Troubetzkoy semble se référer aux procédés indiquant l'existence d'une limite entre les faces signifiantes d'unités de première articulation[4]. Ses observations restent néanmoins précieuses dans le cadre d'une étude comme celle que nous nous proposons ici, c'est-à-dire d'une étude strictement phonologique, menée donc "en abstraction quasi totale du plan du signifié"[5]. Avant cependant d'aborder notre problème qui est celui des conditions dans lesquelles l'intonation exerce une fonction délimitative - entre les signifiants des phrases, bien entendu -, nous ferons quelques observations sur la délimitation entre les unités phonologiques qui entrent dans la composition du signifiant de la phrase, c'est-à-dire la délimitation entre les mots.

Il n'y a souvent rien qui permette de décider où se trouve la limite entre deux mots. Par exemple, si nous savons qu'en espagnol le continuum *mirómikása* est composé de deux unités chacune desquelles pourrait constituer à elle seule le signifiant d'une phrase, à condition bien sûr de recevoir l'intonation culminative, il est impossible, du point de vue phonologique, et il n'est pas nécessaire de ce point de vue[6] de savoir où se situe la limite entre ces unités. En effet, quel que soit le découpage que l'on opère : *mirómi/kása* ou *miró/mikása*[7], chacune des deux unités que l'on obtient à la suite de chacun de ces deux découpages peut constituer à elle seule le signifiant d'une phrase à condition de recevoir l'intonation culminative.

Il est des cas, par contre, dans lesquels la limite entre deux unités composant le signifiant d'une phrase peut être déterminée. Représentons par ⊥ une syllabe accentuée, et par - une syllabe atone et imaginons par exemple une langue dans laquelle la suite de syllabes - ⊥ (- ... -) peut, à condition bien sûr de recevoir l'intonation culminative, former le signifiant d'une phrase, mais que cela n'est pas le cas pour les suites de syllabes ⊥ (- ... -) ni - (... -) - ⊥. Cela veut dire que dans cette langue, une unité susceptible de former à elle seule le signifiant d'une phrase doit toujours comporter une et seulement une syllabe atone avant la syllabe accentuée. Dans cette langue, un continuum tel que - ⊥ - - ⊥ - ⊥ - - - ⊥ - ⊥ - ne peut être découpé que d'une seule manière si l'on veut que chacune des unités qu'on en obtient puisse recevoir l'intonation et former ainsi à elle seule une phrase: ce découpage se fera ainsi: - ⊥ - / - ⊥ / - ⊥ - - / - ⊥ / - ⊥ - . Tout autre découpage nous livre des segments tels que - - ⊥ -, par exemple, ou ⊥ -, qui sont incapables de former à eux seuls les signifiants d'une phrase. Dans les interprétations courantes on dirait que "l'accent occupe dans le mot une place fixe". Cela est sans doute vrai, mais, en ce qui nous concerne ici, le terme "mot" doit être compris dans le sens de mot _phonologique_. En effet, même si ce découpage coïncide avec le découpage du signifiant de la phrase que l'on ferait dans une analyse de première articulation, il en est indépendant puisqu'il peut être fait en abstraction quasi totale du plan du contenu.

Dans l'exemple qui précède, c'est l'accent, grâce à la "place fixe" qu'il occupe dans le mot, qui remplit la fonction de délimiter l'unité qu'il caractérise. La question que nous nous posons est de savoir si l'intonation culminative, qui caractérise la phrase, peut elle aussi remplir la fonction de la délimiter. Une première condition à cela est sans doute que, tout comme l'accent dans le mot, l'intonation occupe dans le signifiant de la phrase une "place fixe". C'est peut-être le cas dans la plupart des langues, mais nous n'excluons pas _a priori_, suivant en cela l'aimable suggestion de Monsieur Jongen qui présidait la session au cours de laquelle cette communication a été présentée, qu'il existe des langues dans lesquelles l'intonation n'occuperait pas "une place fixe", c'est-à-dire qu'elle pourrait s'associer à n'importe laquelle des unités composant le signifiant de la phrase (c'est-à-dire les mots dans les langues comme l'espagnol, ou les syllabes dans des langues comme le français).

Mais, la condition que nous venons d'évoquer, si elle est nécessaire, n'est cependant pas suffisante: en effet, l'impossibilité de délimiter les unités composant le signifiant de la phrase ou les unités d'ordre inférieur à celles-ci, aboutit indirectement à l'impossibilité de délimiter ce signifiant lui-même malgré la "position fixe" de l'intonation. Ainsi en espagnol où, comme nous l'avons vu, le mot phonologique ne peut pas toujours être délimité, même si l'intonation culminative se trouve toujours "sur le dernier mot", un continuum tel que

- ⊥̄ - - ⊥ ⊥ - - ⊥̄ -

(⊥̄ représentant une syllabe accentuée du mot portant l'intonation culminative) peut tout aussi bien être découpé en "phrases phonologiques" telles que

- ⊥̄ / - - ⊥ ⊥ ....

ou

- ⊥̄ - / - ⊥ ⊥ ....

ou enfin

- ⊥̄ - - / ⊥ ⊥ ....

De même, dans une langue où le signifiant de la phrase se compose de mots et ceux-ci de syllabes, si ces dernières ne peuvent être délimitées, les mots ne peuvent pas l'être non plus, même si l'accent occupe "une place fixe". Et, bien entendu, d'après ce que l'on a dit, les signifiants des phrases ne pourront alors pas être non plus délimités.

Notes

1. Prieto refuse au "trait" le statut d'unité phonologique, du moins dans le sens où on l'attribue au phonème et aux autres unités phonologiques mentionnées ci-dessus. Cf. la définition du phonème que donne cet auteur dans *Pertinence et Pratique*, p. 40-1.

2. La situation dans les langues monosyllabiques comme le birman (cf. Troubetzkoy, *Principes* ... p. 226) est pro-

bablement la même , et, si différence il y a, celle-ci est à mettre en rapport avec l'analyse du signifiant de la phrase en première articulation.

3. Bien entendu, nous ne parlons ici que des fonctions linguistiques de l'intonation, que nous ne prétendons d'ailleurs pas épuiser. Nous excluons a priori de notre travail les fonctions extralinguistiques que l'intonation peut exercer, telles que la fonction expressive ou la fonction appellative. Troubetzkoy les exclut de la phonologie "tout court" et les place dans une "phonostylistique" qui reste à définir (cf. Principes ... p. 28-29).

4. Troubetzkoy parle de la "délimitation externe des complexes chargés de signification"(Principes ... p. 290). La phonologie classique associe également la fonction culminative aux unités de première articulation, en la définissant comme celle qui permet de reconnaître de "how many full words the text is composed of" (Martinet, Phonology as Functional Phonetics, p. 12). Prieto spécifie bien qu'il ne parle que d'unités phonologiques définies par la fonction culminative.

5. L'expression est de R.S. Wells, dans Proceedings of the VIIIth Congress of Linguistics, p. 659.

6. La limite intéresse certes lorsqu'il s'agit de déterminer les unités de première articulation.

7. Des découpages comme *mirómik/ása* ou *miróm/ikása* ne concerne pas le découpage du signifiant de la phrase en mots phonologiques, mais celui du mot phonologique en syllabes, ce dont nous n'avons pas l'intention de nous occuper ici.

Bibliographie

Martinet A., Phonology as Functional Phonetics, London 1949.

Prieto L.J., "Traits oppositionnels et traits contrastifs" in : Etudes de linguistique et de sémiologie générales. Genève-Paris, 1975.

Prieto L.J., Pertinence et Pratique. Paris, 1975.

Troubetzkoy N.S., Principes de phonologie. (traduction française) Paris, 1970.

Wells R.S., Proceedings of the VIIIth Congress of Linguistics. Oslo, 1958.

VORBEMERKUNGEN ZUR LINGUISTIK DER ABKUERZUNG (PROL. LING. ABK.)

Ulrich Schmitz, Duisburg

0. Abkürzungen verschweigen Bekanntes. Dieser Essay hingegen ist kurz, weil noch Unbekanntes nicht ausgesprochen werden kann. Es gibt also gegenläufige Tendenzen zum Fragment. Beim Entwurf dieses Aufsatzes überrollten sie mich gegenseitig: In boshafter Fingerübung hatte ich zeigen wollen, dass alles, was an der Linguistik interessant sein mag, am skurrilen Beispiel der Abkürzung rasch vorgeführt werden könne. Die hinterhältige These machte mich selbst freilich zum ersten Opfer, das allenfalls ahnt, in welchem Sinne das Verfahren der Abkürzung in der Tat das typische Verfahren der Sprache sei. Die Linguistik der Abkürzung erlaubt also nicht, wie frech erhofft, die Abkürzung der Linguistik. Die einfachen, punktierten Abk. erweisen sich vielmehr als unverhüllte Sonderfälle, täuschende Lockvögel an den lichten Eingängen eines Labyrinths voller Wege und Umwege, in dem wir fraglos naiv uns bewegen, wenn wir sprechen. Deshalb nur Prolegomena.

1. Unscheinbares wird gewöhnlich verkannt; was sich unscheinbar macht, wird verachtet. Abkürzungen erregen vielleicht deshalb Anstoss, weil sie sich als Meister des Versteckspiels in Szene setzen. So beklagt SWIFT (1710/1940: 175) die überzivilisierten Sprachverstümmler, die den Wörtern Teile abschneiden nach Art der Eule, die ihre Mäuse mästet, nachdem sie ihnen die Beine abgebissen hat, um sie am Fortlaufen zu hindern. KAMMRADT (1957: 461) sieht "in der Abkürzungsseuche eine ernste Gefahr für unsere Muttersprache". WUSTMANN (1891/1966: 379, 377, 381) kann "nur Trauer empfinden" angesichts der Tatsache, dass durch Abkürzungen entstandene "Kunstwörter allenthalben die ihnen gesetzte Grenze überspringen" und nicht nur Markenartikel bezeichnen, sondern unser ganzes "gesundes, gewachsenes und wachsendes Deutsch" anstecken. Und MICHEL (1979: 831, 841) amüsiert sich über die vielen Abkürzungen in der modischen Wissenschaftssprache, die den Trend

zu gleichfalls nichtssagenden ausschweifenden Formulierungen auszugleichen nur scheinen.

Andererseits mahnen uns gegensätzliche Denker aus der Geschichte der Sprachwissenschaft, Verfahren des Kürzens in der Sprache nicht zu missachten. HAMANN (1773/1967) lässt seine eigene Abkürzung sich selbst verteidigen; und HERDER (1770/o.J.: 67) fasst Flexion als verkürzten Ausdruck von Bedeutungen auf.

2. Tatsächlich kommen schon Abkürzungen im engsten Sinne (also solche, die mit einem Punkt enden und/oder nicht als Silben, sondern als Buchstabenfolgen realisiert werden, z.B. <u>bes.</u> und <u>OLG</u> im Gegensatz zu <u>Kripo</u>) sehr viel häufiger vor, als ihre stiefmütterliche Behandlung in der Linguistik erwarten liesse. Jedes 14. Wort der vom Steuerpflichtigen auszufüllenden Teile der bundesdeutschen Einkommenssteuererklärung 1981 (ohne Anlagen) erscheint in diesem Sinne abgekürzt. Das JOURNALISTEN-HANDBUCH ENTWICKLUNGSPOLITIK 1982 enthält etwa so viele solcher Abkürzungen wie Zeilen. Ein wissenschaftliches Buch wie SEBEOK (Hg. 1975: xi-xxxi) gibt etwa 900 verschiedene Siglen für Zeitschriften u.ä. an. Kaum ein Veranstaltungsprogramm, kaum ein Warenetikett, kaum eine Zeitungsannonce, kaum eine Landkarte, kaum ein Kochrezept usw. kommt ohne Abkürzungen aus. In jeder "Tagesschau"-Hauptausgabe werden durchschnittlich 15 Abkürzungen als solche gesprochen.[1]

3. Zwar bilden Abkürzungen kein selbständiges Subsystem innerhalb der Sprache (wie etwa ein Dialekt), weil mit ihnen allein keine fortlaufenden Texte gebildet werden können, es sei denn zum Spass (<u>Debededehakape</u>) oder in arbeitsteiliger Uebersetzungs-Routine (Steno, Code-Sheets). Dennoch kann man an ihnen alle Eigenschaften von Sprache insgesamt studieren. Nur abgekürzt kann im folgenden gezeigt werden, wie alle klassischen Disziplinen der Linguistik zur Untersuchung der Abkürzungen beitragen können und dass alle wichtigen Themen der Sprachwissenschaft im Prinzip auch am Beispiel der Abkürzung diskutiert werden können.

3.1. Die Etymologie der Abkürzungen fällt mit ihrer 'Wortbildungslehre' zusammen.[2] Es gibt (nicht nur im Deutschen) folgende Arten der Abkürzungsbildung:[3]

(1) Ersetzen durch konventionelle Zeichen: ∞ * † ≠ $ % §[4]

(2) Abschneiden der gesamten Buchstabenfolge[5] eines Einzelwortes von hinten nach vorn: sog., Lotharstr., OP, Labor, Auto, Ober, Max, Piano; selten von vorn nach hinten: Bus, (Durch)Schnitt

(2a) häufiger Sonderfall: nur der erste Buchstabe bleibt: s., S.

(3) Abschneiden morphemischer Bestandteile eines Einzelwortes jeweils von hinten nach vorn: PSchA, OStDir, U-Bahn, Flak, Mofa

(3a) häufiger Sonderfall: nur der jeweils erste Buchstabe bleibt übrig: DDT, KKW, Kfz

(4) Zusammenziehen durch Auslassen von Buchstaben eines Einzelwortes

(4.1.) mit erster Priorität Binnenvokale, mit zweiter Priorität Konsonanten (innerhalb der Silben von hinten nach vorn): vgl., Frl., gefl., cbm, Hans

(4.2.) Mittelteile: ca., Dr., Nr., Motel, Ascher, Rolf

(4.3.) Kombination aus (4.1.) und (4.2.): BDF, Hbf., evtl.; Ausnahme: Btx

(5) Abschneiden bei mehreren aufeinanderfolgenden Wörtern und Zusammenziehen zu einer Abkürzung: rororo, Benelux, Audimax, FORTRAN

(5a) häufiger Sonderfall: nur der jeweils erste Buchstabe bleibt übrig: CDU, HDW, UdSSR, NATO, z.B., v.l.n.r., u/o

(5b) seltener Sonderfall: die jeweils ersten Buchstaben werden silbig geschrieben: Geha (aus 'Georg Hübner')

(6) Fusion selbstbedeutender Wortbestandteile: Hansaplast, Hochtief, Rheinmetall (aus 'Rheinische Metallwaren- und Maschinenfabrik')

(7) Auslassen ganzer Wörter: die Elektrische (Strassenbahn), Pommes (frites), Die (vereinigten) Staaten (von Amerika)

(8) Kombinationen aus (1)-(7): 17. (1+2), vf (2+1), & (5+1), Tb(c) (2+4.1.), jemine! (2+5), Zoo (7+2), AFeB (5a+3), BMW (5a+3a), Degussa (5+3a)

Die Beispiele zeigen, dass konventionelle Abkürzungen meist aus Substantiven (vor allem Eigennamen), aber auch aus häufig verwendeten Partikeln und Imperativformen von Verben gebildet werden. Andere Wortarten werden gewöhnlich nur in Zusammensetzungen abgekürzt (GmbH, i.e.S.).

3.2. Eine morphologische (eigentlich 'graphologische', weil von Graphemen auszugehen ist) Beschreibung der im Deutschen gebräuchlichen Abkürzungen kommt zu folgender Klassifikation:

- OHNE ABKÜRZUNGSZEICHEN
  - kein lateinischer Buchstabe
    - konventionelles Zeichen — +, -
    - abgewandelter lateinischer Buchstabe — £
    - nichtlateinischer Buchstabe — ϕ
  - ein lateinischer Buchstabe
    - gross — O
    - klein — p
  - mehrere lateinische Buchstaben
    - nur gross
      - *einzeln gesprochen* — ISBN
      - *als Silben gesprochen*[6] — RIAS
    - gross und klein
      - nur Anfangsbuchstabe gross — Trafo
      - nicht nur Anfangsbuchstabe gross
        - *einzeln gesprochen* — GmbH
        - *als Silben gesprochen* — BAFÖG
      - Anfangsbuchstabe klein — mdVb
    - nur klein
      - *einzeln gesprochen* — dtv
      - *als Silben gesprochen* — rororo
- MIT ABKÜRZUNGSZEICHEN
  - ohne Punkt — M'gldbach, - K - , m^3
  - mit Punkt(en)[7]
    - ein Punkt
      - ein Buchstabe
        - gross — S.
        - klein — s.
      - mehrere Buchstaben
        - nur gross — ???
        - gross und klein
          - nur Anfanbsbuchstaben gross
            - *einzeln gesprochen* — Hbf.
            - *nicht einzeln gesprochen* — Matth., Lotharstr.
          - nicht nur Anfangsbuchstaben gross — ???
          - Anfangsbuchstabe klein — ???

nur klein	vgl.
mehrere Punkte	
je ein Buchstabe mit Punkt	
nur gross	N.N.
gross und klein	
nur Anfangsbuchstabe gross	(fälschlich): U.a.w.g.
nicht nur Anfangsbuchstabe gross	F.d.R.
Anfangsbuchstabe klein	a.a.O.
nur klein	u.a.
je mehrere Buchstaben mit Punkt	Dr. rer. pol.

3.3. Phonem, Graphem und Morphem fallen stets dann zusammen, wenn der erste Buchstabe des abgekürzten signifiants in der Abkürzung die Bedeutung des gesamten signifiés zu tragen hat (z.B. z.B.). In dem Grade, wie dadurch die Strukturhierarchie sprachlicher Konstituenten ('doppelte Artikulation'; vgl. JAKOBSON 1974: 189 f.) reduziert wird, steigt natürlich das Mass an Mehrdeutigkeit der verwendeten Grapheme. So heisst O (ohne Punkt und selbständig) 'Osten' oder 'Sauerstoff (Oxygenium)', ohne Punkt und in der Redensart das A und O aber 'Ende' (ohne dort freilich als Abkürzung aufzutreten), im O-Saft der Kellnersprache 'Orangen', mit Punkt und selbständig hingegen 'Ohio', mit Punkt und im Kontext O.A.M.D.G. schliesslich 'Omnia' (ad majorem Dei gloriam).

Weitere Beispiele: SPD 'Sozialdemokratische Partei Deutschlands'/'Sozialpsychiatrischer Dienst'; KBW 'Kulturwissenschaftliche Bibliothek Warburg'/'Kommunistischer Bund Westdeutschlands'/ DJKBW Mintard 'Deutsche Jugendkraft Blau-Weiss Mintard'; SDS 'Sozialistischer Deutscher Studentenbund'/'Schweizerdeutscher Sprachatlas' bzw. 'Sprachatlas der deutschen Schweiz'; L.S., l.s. 'loco sigilli'/'lectori salutem'/'legi scriptum'/ p.m. 'post mortem'/'post meridiem'/'per minute'/'pro mille'/ 'Peter Mosleitners Magazin'; u.a. 'unter anderem'/'und andere'.

Gelegentlich werden solche Homonymien gezielt ausgenutzt, so etwa wenn ein Mäzen seine private Stiftung FVS zugleich nach Friedrich von Schiller wie nach dem Freiherrn von Stein benennt, oder wenn ein polnisches Plakat ABC-Waffen wie Damoklesschwerter über dem von Kinderhand geschriebenen abc drohen lässt (HdK 1980: 125; auch in BENTELE 1981: 358). Wo Homonymien durch den (z.B. fachsprachlichen) Kontext nicht ohne weiteres aufgelöst werden können, versucht man meist, sie durch Sonderzeichen (£) oder Differenzierung zu vermeiden. Letzteres gilt besonders bei Eigennamen. So durfte sich der BdWi (Bund demokratischer Wissenschaftler) aufgrund eines Einspruchs des Bundes deutscher Werbeberater nicht BDW nennen; und die Deutsche Gesellschaft für Sprachwissenschaft (DGfS) benutzte das f, um sich von der Deutschen Gesellschaft für Suizidprophylaxe (DGS) zu unterscheiden. Trotzdem sind Missverständnisse nicht ausgeschlossen. Die Gesamthochschule (GHS) Duisburg erhielt gelegentlich Post als "Grund- und Hauptschule Duisburg".

3.4. Ob es den umgekehrten Fall, die Synonymie, wirklich gibt, lässt sich ebenfalls am Beispiel der Abkürzungen diskutieren. usw., usf. und etc. bedeuten sicher das gleiche, sind aber keineswegs unter allen Umständen austauschbar. Gleiches gilt vermutlich für p.p. und ppa. (per procura), während M (Mark) und DM (D-Mark) nur in nichtstandardsprachlichen Ausnahmefällen referenzidentisch sind. Die A 430 hiess nur früher offiziell B 1. Beispiele wie Nr. und No., n.Chr. und A.D. sowie S. und p. (Seite) zeigen, wie eng das Problem der Synonymie mit dem der Uebersetzbarkeit zusammenhängt. Das Fremdwort Alphabet, eine durch teilweise Aufzählung des ursprünglichen Referenten entstandene Abkürzung, hat nur unter bestimmten Umständen dasselbe Denotat wie die deutsche Entsprechung ABC, ist aber auch dann nicht verwendungsidentisch.

3.5. Andere semantische Probleme stellen sich für Abkürzungen nur insoweit genauso wie für Nichtabkürzungen (die prinzipiell alle abgekürzt werden können), wie Abkürzungen die gleiche Bedeutung haben wie die entsprechenden Langformen. Die lexikalische Information im Abkürzungsglossar (z.B. GOEDECKE 1974, SCHUBERT 1978, SPILLNER 1967, 1970-72) kann als Querverweis auf die entsprechende Langform im normalen Lexikon und insofern sowohl selbst abgekürzt als auch ohne weiteres exakt angegeben werden. Tatsächlich tragen aber diejenigen Abkürzungen, die nicht als selbständige Wörter auftreten (s.u.), nur den Teil der usuellen Bedeutung (im Sinne von PAUL 1880/1975: 75-78) der Langform, der sich am striktesten kodifizieren lässt. O. etwa wird nur für eine der vier Himmelsrichtungen verwendet, nicht aber für 'den Osten' in einem politischen oder kulturellen Sinne. Ausser bei ohnehin stabilen Eigennamen ist die Bedeutung der Abkürzung daher gewöhnlich weniger kontextabhängig und folglich diachronisch weniger variabel als die der entsprechenden Langform, worin sich der bisher rätselhafte Sinn des Swiftschen Mäusegleichnisses erfüllt.

3.6. In grammatischer Hinsicht verhalten sich die Abkürzungen in der Regel ebenso wie die entsprechenden Langformen. Sofern sie Syntagmen repräsentieren, werden die gleichen Strukturen übernommen: m.E., b.w., U.A.w.g.. Freilich wird d.h. nicht selten wie eine Konjunktion verwendet (vergleichbar mit 'also' und 'nämlich'). Auch weichen Geschlecht, Aussprache oder Schreibweise gelegentlich ab: das Foto 'die Photographie'; tso:/, /pɔməs/; Nazi 'Nationalsozialist'[8], cm 'Zentimeter', FW 'Fremdwort', Atü 'Atmosphäre Überdruck', a.o. Prof. 'ausserordentlicher Professor'. Würde man bei der Langform ein Flexionsmorphem erwarten, was aus verschiedenen Gründen nicht häufig vorkommt, so wird das in der Abkürzung oft nicht angezeigt.[9] Genetiv sowie Plural können aber durch s-Suffix kenntlich gemacht werden (die Reparatur des VWs, die PKWs), der Plural auch durch en- oder e-Suffix (AStAs neben ASten; RAe 'Rechtsanwälte') oder durch Reduplikation: (§§, ff. 'folgende (Seiten)'; "die Dr. Dr." (CHRONIK 1954: 191)). In den seltenen Ableitungen verhalten sich Abkürzungen wie selbständige Wortstämme: CVer (DUDEN 1959/1966: 386). Viele Abkürzungen können Zusammensetzungen bilden (US-Präsident, UV-Strahlen).

3.7. Dem Soziolinguisten fällt nicht nur auf, dass es fachsprachenspezifische (Philarg.Verg.ecl. (PAULY 1964-75,I:XXV)), verufsspezifische (z.B. RUMPEL 1980) und gruppenspezifische (öko = toll, Spitze) Abkürzungen gibt, sondern auch, dass Abkürzungen als Merkmale (Label) sozialer Abgrenzung dienen können: etwa bei der Bezeichnung von Fahrzeugtypen (S, LS, GLS), bei Anreden, Titeln und Amtsbezeichnungen (Mme, Mlle,

Dr., OStR) sowie bei der Gross- bzw. Kleinschreibung von Namenskürzeln im Kopf diktierter Briefe (SZ/bm).

3.8. Der Pragmalinguist interessiert sich vielleicht für die so geläufige wie unbeachtete Tatsache, dass in bestimmten Kontexten schon einzelnen Buchstaben die Gewalt gesellschaftlicher Konvention aufgebürdet werden kann (H - D) oder dass ganze Sprechakte zu Abkürzungen ritualisiert werden können (U.A.w.g., q.e.d., R.I.P.). Der Konversationsanalytiker mag sich mit den diversen Funkercodes beschäftigen.

3.9. Der Psycholinguist schliesslich wird sich überlegen, ob nicht die ersten von Kindern gesprochenen Wörter vom Standpunkt der Erwachsenensprache aus als Abkürzungen gelten müssen (vgl. auch JESPERSEN 1922/1925: 86 f., 113-116, 151), und dem entgegenhalten, dass Abkürzungen der Erwachsenensprache im Eigen- wie im Fremdspracherwerb jeweils zuletzt gelernt werden, weil ihr Verständnis die Kenntnis der (meist allgemeineren, ungenaueren) Bedeutung der Langformen prinzipiell voraussetzt.

4.1. Abkürzungen gelten als "Zeichen unserer schnellebigen Zeit" (AGRICOLA u.a. (Hg.) 1969: 273; vgl. KAMMRADT 1957: 461). Denn der "Zwang zu rascher Bewältigung der Umweltreize führt in der Grossstadtsprache zur Ausbildung möglichst knapper Ausdrucksformen" (EGGERS 1973: 131 f.; vgl. WUSTMANN 1891/1966: 375), wobei "das Wuchern der Buchstabenwörter [...], jene Ueberspitzung des Strebens nach Knappheit des Ausdrucks und nach Zeitersparnis, eine sprachl. [sic!] Spiegelung der Hast und Ruhelosigkeit des modernen Menschen darstellt" (BACH 1938/1970: 460).

Auch wenn Abkürzungen heute dazu dienen solle, "Platz, Zeit und Kosten zu sparen" (DIN 2340, 1977: 3), so ist doch keineswegs ausgemacht, ob abkürzende Verfahren im Verhältnis zur Gesamtmenge gesprochener und geschriebener Sprache heute wirklich häufiger angewendet werden als früher (vgl. SWIFT 1710). Es ist auch fraglich, ob Abkürzungen aufgrund von Krieg oder bestimmter politischer Verhältnisse besonders "stark ins Kraut schiessen" (BACH 1938/1970: 404) oder ob sie als Ausdruck kurzlebiger Moden grundsätzlich schneller "wieder vergehen" als andere sprachliche Neuschöpfungen (von POLENZ 1972: 149). Wortbildung durch Abkürzung, und zwar nicht nur bei Rufnamen (vgl. BACH 1943/1953: 55 f.), gibt es seit Menschengedenken, z.B. Arzt aus ahd. arzât, arzâter aus mlat. archiater aus griech. ἀρχιατρός (KLUGE 1881/1899: 21) und Sarg, ahd. sarc aus lat. *sarcus aus lat. sarcophagus (BACH 1938/1970: 404). Kess ist der Name des Anfangsbuchstabens ch ('chess') von jiddisch chōchem 'klug' (DUDEN 1963: 322; PAUL 1897/1968: 344; vgl. AGRICOLA u.a. (Hg.) 1969: 273). BROCKHAUS (1837-41: I,9) führt eine Auswahl der "im Deutschen noch [!] gewöhnlichen Abkürzungen" an. Kurzschriftsysteme (Tachy-, Brachy, Stenographie, Tironische Noten u.a.) sind zumindest seit dem 5. Dez. 63 v.u.Z. in Gebrauch (PAULY 1964-75, V: 357). Kurzum: "Abbreviaturen sind von jeher bei allen Völkern beim Schreiben angewendet worden." (BROCKHAUS 1908,I: 49), wovon etwa alte Münzen, Inschriften an Gebäuden, Grabstätten, Schmuck- und Gebrauchsgegenständen, die Kreuzesinschrift INRI u.a. zeugen. Vermutlich werden heute aber Waren, Firmen, Organisationen und Institutionen, die es früher nicht gab, häufig abgekürzt benannt, und zwar nicht nur schriftlich, sondern auch mündlich. Die Differenzierung der Welt hätte eine fortschreitende Reduktion von Komplexität der sprachlichen Form nach sich gezogen.

Im Prinzip wäre das freilich nichts Neues, weil das sprachliche System insgesamt ja umso funktionsfähiger ist, je mehr Inhalt es durch je weniger Ausdruck zu kommunizieren erlaubt. In diesem Sinne lässt sich Abkürzung als das sprachliche Pendant und Instrument dessen auffassen, was man im gesellschaftlichen Verkehr 'Routine' nennt.[10] Besonders augenfällig wird das nicht nur in gleichförmigen sprachgebundenen Arbeitsabläufen (Bestellbögen, Warenbegleitzettel) und bei standardisierten Rechts- und Verwaltungsgeschäften (v.g.u., F.d.R.; Formulare; Paraphe als abgekürzte Unterschrift), sondern auch in Alltagsritualen wie z.B. Dankesformeln (frz. S.V.P. = niederl. A.U.B.) und Grussfloskeln (Tag!, N'Abend/ na:mt/). Jedenfalls legen Verfahren der Abkürzung und ihre

Produkte ein wenngleich nicht beredtes so doch umso deutlicheres Zeugnis von Oekonomie in der Sprache (MARTINET 1960/1963: 164-168) ab. ZIPF (1932: 24) führt sein (1.) Prinzip sprachlicher Oekonomie als "formula for abbreviation" ein; und Abkürzung ist sicher das Mittel par excellence, um mit einem Mindestmass an Ausdruck ein Höchstmass an kommunikativer Leistung zu erbringen - sei es systematisch durch Wortbildung (AStA-Info) oder Wortvertretung (bzw.), sei es stilistisch durch Ellipse (langer Rede kurzer Sinn)[11] und besonders im Telegramm (Ankomme morgen 8.30 Uhr), sei es auf andere Weise.

4.2. In der Tat kommen abkürzende Verfahren in der Sprache allenthalben zum Zuge, und 'die Abkürzung' im engeren Sinne, von der wir ausgegangen waren, stellt nur einen nicht genau abgrenzbaren Extremfall dar. Man denke an Reduktion syntaktischer Strukturen (Nachts leichter Frost; vgl. BRINKMANN 1974), an zusammengesetzte Substantive (Fremdwörterbuch 'Buch der Wörter, die ...'; teils unter Wegfall der inneren Vorsilbe: Kosten(be)rechnung), insbesondere abgekürzte Unterbegriffe (Kugelkopf(schreib)maschine) bzw. Klammerformen statt dreigliedriger Zusammensetzungen (Kinder(kleider)abteilung), Klammerfügungen wie "Hirn- und Hirnhautentzündungen" (GEYER 1954/1965: 50), Apokopen, (könnt'ich), Haplologien (selbständig), Verschmelzung von Artikel und Präposition (am, aufs, zur), Verstümmelung oder Wegfall unbetonter Silben (Jungfer, Stau) und Kurzwörter auf -er (Eisenbahn(beamt)er, Zweiakter, Fernseher, Rechner), an Kosenamen (Gabi, Foxi), Initialen, Autorensiglen (U.S.), Paraphen (Sz) und Zitierkürzel (Schmitz 1983a), an Schlagzeilen, Ueberschriften, Summaries, Waschzettel, Exzerpte (die jeweils ganze Sätze oder Texte zusammenziehen), an den Querstrich über periodischen Dezimalbrüchen und (altmodisch) über zu verdop̄elnden Buchstaben, auch daran, dass in den meisten semitischen Sprachen Vokale nicht notiert werden, an die Zeichen für mathematische und logische Operationen oder an den Balkencode auf Warenetiketten u.v.a.m. (vgl. auch JESPERSEN 1922/1925: 259 f., 313-315).

Wie man sieht, bezeichnet 'Abkürzung' nicht nur ein Element (Produkt) der Sprache, sondern auch ein sprachliches Verfahren. Weil Sprache mit allen ihren Teilen allein durch den Akt "ihres wirklichen Hervorbringens" existiert (HUMBOLDT 1830-35/1963: 418), lassen sich Abkürzungen - ebensowenig wie andere sprachliche Erscheinungen - nicht eindeutig und vollständig als geschlossene Klasse abgrenzen. Manche Vollwörter, insbesondere Rufnamen sowie Bezeichnungen für Erfindungen und neuartige Erzeugnisse, sind durch Abkürzung aus anderen (oft Fremd-) Wörtern (und ggf. andere Wortbildungsmethoden) entstanden (Leo, Rudi, Fritz, Käthe; Almanach, Klo, Steno, Moped). Abkürzungen, die morphologisch wie Wörter gebaut sind (also mit mehreren Buchstaben und ohne Punkt geschrieben und als Silben gesprochen werden, insbesondere auch Akronyme, können ihr eigenes Leben entwickeln und ausser bezüglich ihrer oft vergessenen Herkunft nicht mehr von anders entstandenen Wörtern unterschieden werden.[12] Häufig dringt der Kategorienwechsel über Wortwitz (Azubi, Glabotki), Fach- (Radar) oder Sondersprache (Mathe, Disco, Demo, Apo) in die Umgangssprache vor. Es gibt auch Zwitter, die morphologisch gesehen keine Wörter sind, aber doch so empfunden und verwendet werden (BH, LKW). Abkürzungen, die zu Wörtern geworden sind[13], werden regelmässig flektiert (Kräder, Akkus), es sei denn, der nicht gekürzte Teil gehörte zuvor einer anderen Wortart an (Hoch(druckgebiet)). Sie können nicht nur phonetisch, sondern auch morphologisch gegenüber der Langform verändert werden (Pommes bzw. Fritten). Wie jedes andere Wort können sie Zusammensetzungen (Kö-Center, Alu-Folie, Diaprojektor, Radarfalle, Minirock, Autokino, Bali-Kino, E-Lok; CSU-nah), Ableitungen (haschen, eloxieren; kiloweise) und Volksetymologien (Alweg-Bahn, Formaldehyd) nach sich ziehen und im Gegensatz zu anderen Abkürzungen auch konnotative Bedeutung annehmen (D-Zug, Laser). Gern wird auch eine (ggf. partielle) Homonymie bzw. Homographie der Abkürzung mit Vollwörtern sprachspielerisch ausgenutzt: Pen-Club, Care-Paket, "NUR Neckermann Urlaubsreisen", (Duisburger Kfz-Kennzeichen:) "DU-ich mag dich", Cabal (-Ministerium 1667-73)[14], BRDigung (Wandspruch 1982).

4.3. Alle diese Abkürzungen sollen (innerhalb eines vorausgesetzten gemeinsamen Verständnishorizonts) ohne Informationsverlust vereinfachen. Das Weggekürzte tritt in den Rang innersprachlicher Präsupposition. So dienen Abkürzungen der Oekonomie des sprachlichen Systems und/oder des kommunikativen Vorgangs, indem sie sonst auftretende Redundanz verringern oder ganz vermeiden. Je extremer sie dies tun, desto konzentrierter offenbaren sie die Leistungsfähigkeit der Sprache. Abkürzungen sind einseitig hochgetrimmte Produkte sprachlicher Möglichkeiten. Trennschärfer, unerbittlicher als andere Ausdrucksformen unterscheiden sie Elemente der Wirklichkeit (H vs. D; Herkunftsbezeichnung bei Kfz-Kennzeichen; fachsprachliche Terminologie). Einprägsamer als viele Worte bilden sie Vorstellungen (Qualitätsimage bei Markenartikeln, corporate identity bei Unternehmensnamen). Erfolgreicher, weil eindeutiger, lässt sich oft mit ihnen kommunizieren ("Fasse dich kurz"). Je mehr Redundanz freilich weggekürzt wird, auch wenn sie nur im situativen Kontext entstanden wäre (Frankfurter (Würstchen)), desto mehr Verantwortung fürs gegenseitige Verstehen lastet auf dem vorausgesetzten Horizont gemeinsamer Sprach- und Weltkenntnis, 'Terrorgesetze' wäre sonst zweideutig; *TerGes ist unverständlich.

Deshalb kann abkürzende Sprache erstens leichter Geheimsprache sein. Nach innen schafft sie Binnenstabilität, nach aussen Macht. Was früher - und in traditionsbewussten Bereichen etwa von Religion, Diplomatie und Medizin heute noch - Fremdsprachen (Latein, Französisch, u.U. das Hochdeutsche) bewerkstelligten, können Abkürzungen auf sparsamere Weise leisten: Autorität durch Verschweigen gegenüber Dritten. Bei entsprechenden institutionellen Voraussetzungen schaffen Abkürzungen heute die allerdings bürokratisch profanisierte Distanz des Unnahbaren, Heiligen (z.B. in der Fachsprache von Justiz und Verwaltung einschliesslich Ressortbezeichnungen). Durch Verschweigen erlauben Abkürzungen umgekehrt auch, Unaussprechliches auszusprechen (FKK, BH; oft zusätzlich fremdsprachlich abgeleitet: Po, Klo, WC; antiautoritäres Gegenbeispiel: versypht = 'schmutzig') und Unvorstellbares zu benennen (KZ; anstössiges, weil antietabliertes Gegenbeispiel:

BRD (vgl. HIRSCH 1979: 89 f.)).

Zweitens eignen sich Abkürzungen deshalb gut für absichtlich enigmatische Sprache (o.b., "Die Marquise von O.", "Dial M", J.R. = der Bösewicht in der Fernsehserie 'Dallas').

Und drittens empfehlen sich Abkürzungen deshalb bestens für Idiome und Idiolekte. In Handbüchern etwa werden ad hoc Abkürzungen mit unterschiedlich weiten Geltungsbereichen festgelegt, z.B.: "Das Pfarrhaus (P.) ist in früheren Zeiten oft als 'Treibhaus der PK' der jeweiligen Zeit betrachtet worden (→pol. Tradition)." (SCHIBILSKY 1981: 299). Und Friedrich Schlegel ist nur der Berühmteste unter den zahllosen Benutzern privatsprachlicher Abkürzungen (vgl. BEHLER 1963: XLI f.). Wie Neologismen (vgl. bes. CLARK/CLARK 1979) sind sie instabil, können aber von der Gemeinsprache aufgenommen werden (re, mi, fa, so, la).

4.4. Redundanzvermeidung charakterisiert mit den Vorzügen zugleich auch die Schwächen der Abkürzung: an Vorkenntnis und Konzentration des Hörers/Lesers werden höhere Anforderungen gestellt. D. S. i. a. b. h. K. uv. Die extremste Form von Redundanzvermeidung ist völliges Schweigen, was RABELAIS (1532 ff./ 1968: 622-632) und konsequenter SWIFT (1726/1967: 230 f.) mit guten Gründen auch vorschlagen. Das günstigste Mass an Abkürzung hängt von den pragmatischen Zielen der (nur manchmal kurz angebundenen) Sprecher/Schreiber ab. Neben Abkürzung von Abkürzungen (D-Mark >DM,>Zschr. >Zsch. >Zs.) gibt es denn auch das Gegenteil von Abkürzung: Umleitung, Erweiterung, Fabulierlust (Walfisch). Oft treten beide zugleich auf, so in der Wortbildung (vgl. MOSER 1950/1969: 174 f.), in der Belletristik (RABELAIS 1532 ff./1968: 22, 57, 723-742) und im Alltagsleben ("Kurzum: ..."). Ja, manchmal fällt beides sogar zusammen (usw. usf.[15]). Abkürzung ist engstes Konzentrat der sprachlichen Leistung: "Indicazion auf unendliche Fülle".[16]

Doch bevor wir uns fabulierend in eine wahre Apotheose der Abkürzung verlieren, ihre Funktion als kleinste Teileinheit (WYGOTSKI 1934/1969: 10 ff.) der sprachlichen Produktion entfalten, von der aus man alle sprachwissenschaftlichen Subdisziplinen aufrollen könnte, da sie ja sämtliche Aspekte, Probleme und Eigenschaften der Sprache in nuce enthielte, und ihre Behandlung in einschlägigen Nachbardisziplinen von der Lerntheorie (z.B. GALPERIN o.J./1969: bes. 375, 381 f.) bis zur Psychoanalyse (z.B. FREUD 1905/1940: 10-12, 16 ff., 175, 192 f.; auch 1900/1942: 284 ff.) durchleuchten, bevor wir das alles - von höherfliegenden Plänen ganz zu schweigen - ab ovo i.e.S. zu beginnen in Angriff nehmen, halten wir in einer Besinnung aufs Thema inne, denn: Kürze Würze ...[17]

Anmerkungen

1. computerunterstützt ausgezählt für den Januar 1978
2. Warum manche Wörter in Schrift u/o Wort bevorzugt abgekürzt werden, andere kaum, geht teils aus dem vorliegenden Aufsatz hervor und bleibt teils unerklärlich ('Postfach' vs. P.O.Box; schriftl. und mdl. PS vs. schriftl. km, mdl. 'Kilometer'). Zur Motivierung von Abk. kurz: von POLENZ (1972: 149).
3. Vgl. CAPPELLI (1899/1929: XII-LII) für mittelalterliche Brachygraphie; BERGSTRØM-NIELSEN (1952: 4-11); DUDEN (1959/1966: 416 f.); AGRICOLA u.a. (Hg. 1969: 273 f.). DIN 2340 (1977: 2) unterscheidet nur Abbrechen und Zusammenziehen. Eine Unterscheidung von 'mechanischer' und 'semantischer' Kürzung (DROZD/SEIBICKE 1973: 160-164) ist nicht einsichtig.
4. BERGENHOLTZ/SCHAEDER (1977: 143) fassen (u.a.) die drei letztgenannten als "Satzzeichen" auf.
5. Bei Abweichungen zwischen Graphemfolge und Phonemfolge richten sich die Abkürzungen meist nach der geschriebenen Form (BGS, LBS, CSU; anders am. BMX); 'sch', 'st' und 'sp' werden aber oft ausgeschrieben (brosch., ASchO, Std., LSt, StGB; StSpK = SSK). DIN 2340 (1977: 2) fordert Uebernahme von 'St' und 'Sp' sowie Ersetzung von 'Sch' durch 'Sh' jeweils am Anfang einer Benennung.
6. Warum manche silbig sprechbaren Abkürzungen doch Buchstabe für Buchstabe ausgesprochen werden, ist unklar (UNO vs. USA, SWAPO vs. FOS). Vornehmlich Verächter der FAZ sagen /fats/. - Vgl. auch BEHAGHEL (1899/1927: 26 f.).
7. Der Punkt ist ambig (Satzendepunkt u.a.). Der Abkürzungspunkt steht in Opposition zu Zero (f vs. f.); beide können profilbildend wirken (F.D.P., Hans G_ Helms).
8. dazu MAJUT 1958
9. DUDEN (1959/1966: 201) rät auch davon ab. Ausführlich zu Flexion, Artikelgebrauch und Kongruenz: BERGSTRØM-NIELSEN

(1952: 12-20).

10. "Anders als bei Zweckprogrammen beruht die systemerhaltende Funktion der Routine nicht auf Flexibilität in der Auswahl verschiedener Handlungsmöglichkeiten als Mittel, sondern auf der Indifferenz gegenüber einer unberechenbaren Zeitfolge von Informationen." (LUHMANN 1964/1971: 122) "Die hierarchische Verschachtelung von Routineprogrammen und Zweckprogrammen" (ebd. 121) entspräche der syntagmatischen Einbettung von Abkürzungen in nichtabgekürzte Textstücke. Vgl. auch SCHÜTZ (1947-51/1971: 184-187, 190 ff.).

11. oft auch als grammatischer Fehler: "47% befragte Frauen wussten nicht, was NATO bedeutet. Teils antworteten sie, dass es sich um ein Waschmittel, teils um eine Säuglingsnahrung handle" (DROZD/SEIBICKE 1973: 164).

12. MERTON (1965/1980: 226-232) illustriert das exzessiv anhand einer spontan gebildeten Abkürzung.

13. DUDEN (1959/1966: 142) und AGRICOLA u.a. (Hg. 1969: 273) nennen Sie 'Kurzwörter'. Anders BERGSTRØM-NIELSEN (1952:2).

14. vgl. BROCKHAUS (1908, III: 778), TREVELYAN (1926/1945: 456).

15. vgl. SCHÜTZ (1947-51/1971: 180).

16. SCHLEGEL (1797/1981: 119) bestimmt so die Leistung allein des arabesken Witzes; dazu POLHEIM 1961.

17. Weitere Abkürzung ist tunlichst zu vermeiden, da Missverständnisse angesichts des homonymen '<u>kw</u>-Vermerks' sonst nicht ausgeschlossen werden <u>könnten</u>. Einer Aesthetik der Abkürzung dürfte - trotz '<u>P.O.U.M.</u>', "einem dumpfen Schuss gleich" (WEISS <u>1975: 198,</u> vgl. 242) - '<u>kw</u>' als die vollendetste unter den realisierbaren gelten, weil Form, Funktion und Inhalt fast zusammenfallen.

Literatur

Agricola, E. u.a. (Hg.)(1969): Die deutsche Sprache. Bd. I. Leipzig.

Bach, A. (1938/1970): Geschichte der deutschen Sprache. 9.A. Heidelberg.

Bach, A. (1943/1953): Deutsche Namenkunde I, 2. 2.A. Heidelberg.

Behaghel, O. (1899/1927): Geschriebenes Deutsch und gesprochenes Deutsch. In: ders.: Von deutscher Sprache. Lahr, S. 11-34.

Behler, E. (1963): Einleitung. In: Kritische Friedrich-Schlegel-Ausgabe (ed. Behler), Bd. 18. München, Paderborn, Wien, Zürich, S. IX-LXX.

Bentele, G. (Hg.)(1981): Semiotik und Massenmedien. München.

Bergenholtz, H./Schaeder, B. (1977): Die Wortarten des Deutschen. Stuttgart.

Bergstrøm-Nielsen, H. (1952): Die Kurzwörter im heutigen Deutsch. In: Moderna Sprak, S. 2-22.

Brinkmann, H. (1974): Reduktion in gesprochener und geschriebener Rede. In: Gesprochene Sprache. (Sprache der Gegenwart 26). Düsseldorf, S. 144-162.

Brockhaus (1837-41): Bilder-Conversations-Lexikon für das deutsche Volk. 4 Bde. Leipzig.

Brockhaus (1908): Brockhaus' Konversations-Lexikon. 14. A. 16 Bde. Leipzig.

Cappelli, A. (1899/1929): Dizionario di Abbreviature latine ed italiane. 3. A. Milano.

Chronik (1954): Chronik der Philipps-Universität Marburg April 1941 bis 15. September 1947. Marburg.

Clark, E.V./Clark, H.H. (1979): When Nouns Surface as Verbs. In: Language 55, S. 767-811.

DIN 2340 (1977): Abkürzungsregeln für Benennungen von Fachbegriffen. Berlin/W.

Drozd, L./Seibicke, W. (1973): Deutsche Fach- und Wissenschaftssprache. Wiesbaden.

Duden (1959/1966): Grammatik der deutschen Gegenwartssprache. 2. A. Mannheim.

Duden (1963): Etymologie. Herkunftswörterbuch der deutschen Sprache. Mannheim.

Eggers, H. (1973): Deutsche Sprache im 20. Jahrhundert. München.

Freud, S. (1905/1940): Der Witz und seine Beziehung zum Unbewussten. (Gesammelte Werke Bd. VI). London.

Freud, S. (1900/1942): Die Traumdeutung. (Gesammelte Werke Bd. II/III). London.

Galperin, P.J. (o.J./1969): Die Entwicklung der Untersuchungen über die Bildung geistiger Operationen. In: Hans Hiebsch (Hg.): Ergebnisse der sowjetischen Psychologie. Stuttgart, S. 367-405.

Geyer, H. (1954/1965): Ueber die Dummheit. 10. A. Göttingen, Berlin, Frankfurt.

Goedecke, W. (1975): Abkürzungen und Kurzwörter aus Technik und Naturwissenschaften. Wiesbaden.

Hamann, J. G. (1773/1967): Neue Apologie des Buchstaben h. In: ders.: Schriften zur Sprache (ed. Simon). Frankfurt/M., S. 179-197.

HdK /= Hochschule der Künste/ (Hg.)(1980): Das polnische Plakat von 1892 bis heute. Ausstellungskatalog. Berlin.

Herder, J.G. (1770/o.J.): Abhandlung über den Ursprung der Sprache (ed. Wolfgang Pross; Reihe Hanser Literatur-Kommentare). München, Wien.

Hirsch, E.Ch. (1979): Mehr Deutsch für Besserwisser. Hamburg.

Humboldt, W.v. (1830-35/1963): Ueber die Verschiedenheit des menschlichen Sprachbaues und ihren Einfluss auf die geistige Entwicklung des Menschengeschlechts. In: ders.: Werke in fünf Bänden (ed. Flitner/Giel), Bd. III. Darmstadt, S. 368-756.

Jakobson, R. (1974): Die Linguistik und ihr Verhältnis zu anderen Wissenschaften. In: ders.: Aufsätze zur Linguistik und Poetik (ed. Raible). München, S. 150-224.

Jespersen, O. (1922/1925): Die Sprache. Ihre Natur, Entwicklung und Entstehung. Heidelberg.

Journalisten-Handbuch Entwicklungspolitik (1982). Hg. Bundesministerium für wirtschaftliche Zusammenarbeit. Bonn.

Kammradt, F. (1957): Ueber die Abkürzungen in der Sprache, ihre Notwendigkeit und ihre Grenzen. In: Muttersprache 57, S. 461-463.

Kluge, F. (1881/1899): Etymologisches Wörterbuch der deutschen Sprache. 6. A. Strassburg.

Luhmann, N. (1964/1971): Lob der Routine. In: ders.: Politische Planung. Opladen, S. 113-142.

Majut, R. (1958): Nazi, Bazi und Konsorten. In: ZfdPh 77, S. 291-316.

Martinet, A. (1960/1963): Grundzüge der Allgemeinen Sprachwissenschaft. Stuttgart, Berlin, Köln, Mainz.

Merton, R.K. (1965/1980): Auf den Schultern von Riesen. Frankfurt/M.

Michel, K.M. (1979): Der Grundwortschatz des wissenschaftlichen Gesamtarbeiters seit der szientifischen Wende. In: Jürgen Habermas (Hg.): Stichworte zur 'Geistigen Situation der Zeit'. Bd. 2. Frankfurt/M. 817-841.

Moser, H. (1950/1969): Deutsche Sprachgeschichte. 6. A. Tübingen.

Paul, H. (1880/1975): Prinzipien der Sprachgeschichte. 9. A. Tübingen.

Paul, H. (1897/1968): Deutsches Wörterbuch. 6. A. Tübingen.

Pauly (1964-75): Der Kleine Pauly. Lexikon der Antike. 5 Bde. München.

Polenz, P.v. (1972): Geschichte der deutschen Sprache. 8. A. Berlin/W., New York.

Polheim, K.K. (1961): Studien zu Friedrich Schlegels poetischen Begriffen. In: DVjs 35, S. 363-398.

Rabelais, F. (1532 ff./1968): Gargantua und Pantagruel. 2 Bde. München.

Rumpel, D. (1980): Konkordanz der Geräte- und Meldebezeichnungen deutscher Elektrizitätsversorgungsunternehmen (2. Version). Mimeo Duisburg.

Schibilsky, M. (1981): (Art.) Pfarrhaus. In: Martin Greiffenhagen u.a. (Hg.): Handwörterbuch zur politischen Kultur der Bundesrepublik Deutschland. Opladen, S. 299-302.

Schlegel, F. (1797/1981): Fragmente zur Literatur und Poesie. In: Kritische Friedrich-Schlegel-Ausgabe (ed. Behler), Bd. 16. Paderborn, München, Wien, Zürich, S. 83-190.

Schubert, K. (1978): Internationales Abkürzungslexikon. Politik - Wirtschaft - Gesellschaft. München.

Schütz, A. (1947-51/1971): Das Problem der Relevanz. Frankfurt/M.

Sebeok, T.A. (Hg.)(1972): Current Trends in Linguistics. Vol. 9: Linguistics in Western Europe. The Hague, Paris.

Spillner, P. (1967): Abkürzungslexikon. Frankfurt/M.

Spillner, P. (1970-72): Internationales Wörterbuch der Abkürzungen von Organisationen. 3 Bde. München-Pullach, Berlin/W.

Swift, J. (1710/1940): /Letter in The Tatler No. CCXXX, 28.9.1710/. In: ders.: Bickerstaff Papers (ed. Davis), Oxford, S. 173-177.

Swift, J. (1726/1967): Gulliver's Travels (ed. Dixon/Chalker). Harmondsworth.

Trevelyan, G.M. (1926/1945): History of England. London, New York, Toronto.

Weiss, P. (1975): Die Aesthetik des Widerstands. Bd. 1. Frankfurt/M.

Wustmann, Gustav (1891/1966): Sprachdummheiten. 14. A. Berlin/W.

Wygotski, L.S. (1934/1969): Denken und Sprechen. Frankfurt/M.

Zipf, G.K. (1932): Selected Studies of the Principle of Relative Frequency in Language. Cambridge, Mass.

VORAUSSETZUNGEN ZU EINER UNTERSUCHUNG DER SEMANTISCHEN BELASTUNG VON SUBMORPHEMATISCHEN EINHEITEN IM ENGLISCHEN[1]

Cornelia Zelinsky-Wibbelt, Münster

'Die semantische Belastung von Submorphemen' ist unter dem Terminus 'Lautsymbolik' ein allgemein bekannter und gleichermaßen alter Diskussionsgegenstand. Die expressive Funktion der Sprache macht die Definition der submorphematischen Ebene und ihre Untersuchung im Hinblick auf semantische Belastung notwendig. Reime, Assonanzen, Alliterationen, Apophonien sind Strukturbeziehungen zwischen Phonemfolgen, Phonemen und subphonematischen Merkmalen, die im expressiven Kontext Träger von Bedeutungen werden können. Zusammenfassend ist der Bereich all dieser Strukturbeziehungen unterhalb der Morphemebene als submorphematisch definiert. Eine Sprachbeschreibung, die die expressive Funktion der Sprache berücksichtigt, muß die alten Beschreibungsprinzipien absoluter, statischer, diskreter Einheiten aufgeben (vgl. Bolinger 194o, 195o):

- Die definite Unterscheidung der bedeutungstragenden Funktion morphematischer Einheiten einerseits und der bedeutungsdifferenzierenden Funktion phonematischer Einheiten andererseits ist deshalb zu relativieren.
- Das Prinzip der Diskretheit ist aufzugeben zugunsten einer Beschreibungsmöglichkeit, die Kontinua berücksichtigt: Die assoziativen Beziehungen zwischen ähnlichen, nicht nur zwischen identischen Strukturen steuern den Kodierungsprozess von Bedeutungsträgern, und umgekehrt sind es keine diskreten Bedeutungen, sondern Dichtezonen semantischer Konzepte, die ihrerseits die Strukturierung zu assoziativen Beziehungen steuern.

Der Diskussion über Lautsymbolik liegt eins der ältesten sprachphilosophischen Themen zugrunde. Die Frage nach der Art der Beziehung zwischen Lauten und Bedeutungen hat bis in die neuere Sprachwissenschaft die Auseinandersetzung über den Zeichencharakter der Sprache wesentlich mitgetragen. Aus moderner sprachwissenschaftlicher Perspektive erhält diese prekäre Frage jedoch eine andere Form. Vor die spekulative Fragestellung nach der substantiellen natürlichen Symbolik von Lauten tritt folgende Frage: Aufgrund welcher Beziehungen assoziieren wir in der heutigen Sprache bestimmte Laute mit bestimmten Bedeutungen? Ungeachtet der alten kausalen Fragestellung ist es heute zunächst interessant zu untersuchen, ob und wie sich aus Einheiten unterhalb der Morphemebene, die allgemein als Ebene der kleinsten bedeutungstragenden Einheiten gilt, in Wechselbeziehung mit semantischen Konzepten ein System von Beziehungen strukturiert, in dem bestimmte submorphematische Einheiten etablierte Assoziationen mit semantischen Konzepten entwickelt haben. Es liegt dann eine semantische Belastung vor. Die verkürzte Vorstellung von ursprünglich gegebenen, natürlichen Ähnlichkeitsbeziehungen zwischen Zeichen und Gegenständen ist in der modernen Semiotik überwunden. Die Ikonizität von Lauten beruht auf gemeinsamen Eigenschaften nicht mit dem bezeichneten Gegenstand, sondern mit dem Wahrnehmungsmodell des Gegenstandes. Denn 'das ikonische Zeichen konstruiert ... ein Modell von Beziehungen ... , das dem Modell der Wahrnehmungsbeziehungen homolog ist, das wir beim Erkennen und Erinnern des Gegenstandes konstruieren.' (Eco 1972.213). Es gilt also, diese Beziehungen sowie die Art und Weise ihrer Kommunikation zu entdecken. Die Anerkennung einer apriorischen Ähnlichkeitsbeziehung zwischen Lautzeichen und Gegenstand käme einer 'Art irrationale[r] Zustimmung zu einem magischen und geheimnisvollen Phänomen' gleich (ebd. S. 2o4).

Es wird im folgenden der von J.R.Firth geprägte Terminus <u>Phonaesthem</u> für submorphematische Einheiten gebraucht, deren semantische Belastung allein durch gewohnheitsmäßige Assoziation erklärt wird.

Das System, in dem die Ähnlichkeitsbeziehungen zwischen Phonaesthemen und Bedeutungen kodiert sind, offenbart sich aus strukturell-semantischer und assoziationspsychologischer Perspektive. Gerade die konkreten und prägnanten auditiven Perzeptionseinheiten der submorphematischen Ebene wie Phonemfolgen, Phoneme und subphonematische Merkmale werden bevorzugt in assoziativen sprachlichen Zusammenhängen wahrgenommen, noch dazu, wenn mit diesen Einheiten semantische Merkmale des Konkreten, sinnlich Wahrnehmbaren assoziiert werden.

Die auditiven und die semantischen Perzeptionseinheiten strukturieren sich in phonologischen und semantischen Zusammenhängen zu einem System: auf der phonologischen Achse die identischen und ähnlichen submorphematischen Einheiten, auf der semantischen Achse die Einheiten, die in semantischem Zusammenhang miteinander stehen. Diese phonologischen und semantischen Zusammenhänge sind in Abb.(1) exemplarisch dargestellt. Die vertikalen Zusammenhänge werden von finalen Strukturen aus vokalischem Silbenträger und konsonantischem Silbenauslaut gebildet, die horizontalen Zusammenhänge von initialen Konsonantenclustern der Silbenanlaute. Die verschiedenen submorphematischen Einheiten /-ɔd/, /-ɔg/, /-ʌg/, /-ʌb/, /-æg /, /kl-/, /l-/ können in bestimmten Kontexten dieselbe semantische Funktion haben: Aus allen Strukturen gibt es Wortbildungen mit der Bedeutung "heavy". Umgekehrt können verschiedene semantische Kategorien dieselbe phonologische Funktion haben, wie z.B. die semantischen Kategorien "mass", "strike", "clumsy, plump, impeding", die alle mit der submorphematischen Struktur /-ʌb/ assoziiert werden können. Aus den Beispielen wird deutlich, daß die Strukturierung und damit die semantische Belastung durch wechselseitige Bestimmung der phonologischen und semantischen Achse verläuft: Submorphematische Einheiten aus verschiedenen phonologischen Zusammenhängen können sich im selben semantischen Zusammenhang strukturieren und umgekehrt.

Solche systematischen Verbindungen zwischen submorphematischen und semantischen Einheiten bilden jedoch die Ausnahme in unseren natürlichen Sprachen: Sie schlagen sich nicht in dem Ausmaß im Sprachsystem nieder wie etabliertere natürlich-sprachliche Regeln - z.B. die der phonologischen Struktur. Wir haben es hier also mit einer teilweise systematischen, weitgehend jedoch beschränkten Ausnutzung

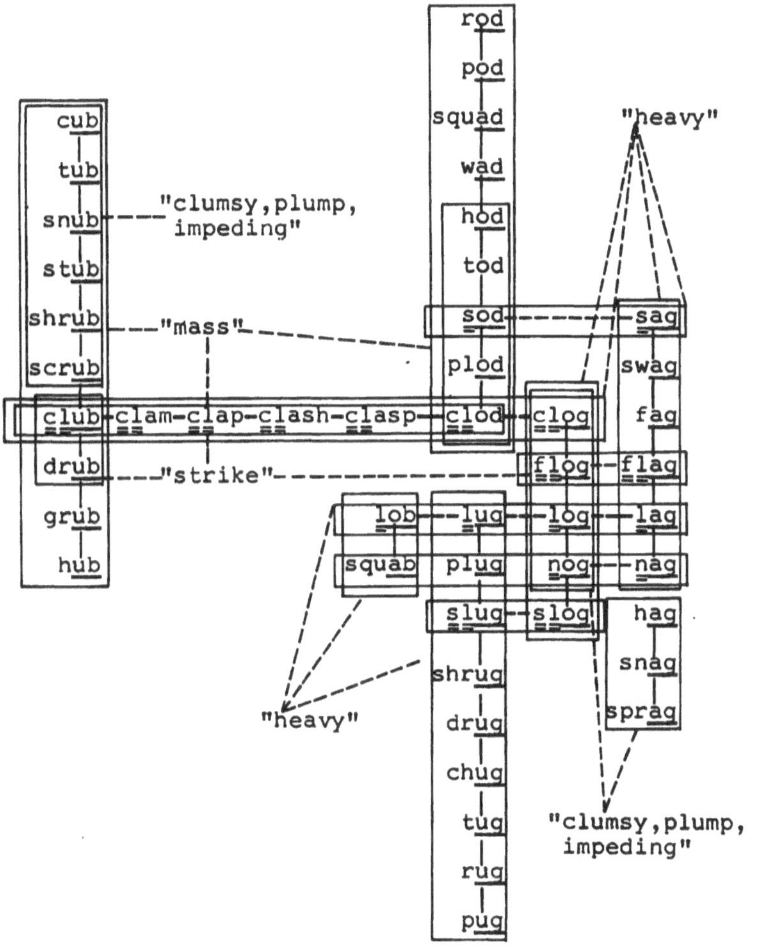

Abbildung 1   Strukturbeziehungen zwischen semantisch belasteten submorphematischen Einheiten

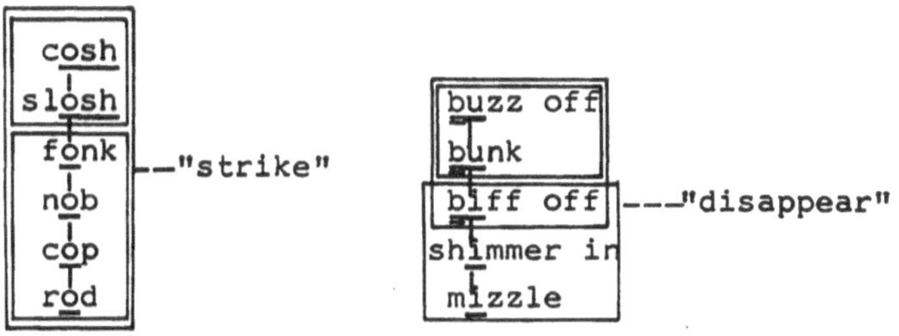

Abbildung 2   Wörter, die im englischen Slang die semantischen Kategorien "strike" und "disappear" realisieren

des phonologischen Systems durch die Bezeichnung zu tun. Dieser relativ hohe Grad an Beschränkung liegt vor allem darin begründet, daß submorphematische Einheiten nur mit ganz bestimmten semantischen Konzepten assoziative Verbindungen eingehen: mit konkreten, wenig komplexen Konzepten.

Assoziationen zwischen Lauten und Bedeutungen entstehen und etablieren sich bevorzugt in kommunikativen Zusammenhängen, deren Semantik durch perzeptive und kognitive Einfachheit bestimmt ist: Es handelt sich um 'dem onto- und phylogenetischen Ursprung der Sprache näherstehende Bedeutungen' (Pesot 198o.1o) ohne kognitive Abstraktionen, welche ein Zeichen intellektueller Entwicklung sind. Ebenso entsprechen die Bedeutungen perzeptiv unmarkierteren, d.h. der Wahrnehmung leichter zugänglichen Phänomenen (vgl.Mayerthaler 198o.23). Die Phänomene werden direkt beschrieben bzw. beurteilt, d.h. nicht auf einer Metaebene kommentiert. Laut-semantische Verbindungen setzen spontane, nicht-intellektuelle Kommunikationsintention voraus. Deshalb spielen sie in nicht-intellektuell, eher affektiv geprägten Kommunikationstypen, in denen die Vermittlung von Gefühlen und nicht die sachliche Erörterung im Vordergrund steht, eine viel wichtigere Rolle als in begrifflich bestimmten Kommunikationstypen, also in der Kindersprache, im kolloquialen Sprachbereich, im Slang usw. (vgl.Malmberg 1971.9).

Der Bedeutungsbereich des Slang-Wortschatzes ist weitgehend durch elementare Lebens- und Mitteilungsbedürfnisse bestimmt. Die spontane und emotionale Kommunikationsintention innerhalb dieser Bedürfnisse bewirkt denn auch in der Tat, daß ein großer Teil dieses Wortschatzes phonaesthematischen Paradigmen angehört (vgl.Partridge 1978). Daß die Neigung zu solchen Wortbildungen im Slang besonders stark ist, zeigt sich daran, daß in diesem sozialen Milieu wichtige semantische Kategorien, wie z.B. "strike" und "disappear" durch eine große Anzahl von Wörtern mit analogen phonologischen Strukturen realisiert sind (s.Abb.(2)).

Auch in der Kindersprache läßt sich ein ungehemmtes Spielen mit Lauten bei der Versprachlichung ihrer einfachen und elementaren Lebens- und Mitteilungsbedürfnisse feststellen. Dort hat die formale Struktur Priorität bei der Bezeichnung, die Bezeichnung verläuft auffallend häufig über das Lautspiel. Das Kind beginnt, sich mit allen formalen Mitteln der Onomatopöie seine Welt sprachlich zu erschließen, so wie sie ihm phänomenologisch-perzeptiv zugänglich wird. Es gibt seinen elementaren, sinnlichen Wahrnehmungen einen Sinn, indem es sie durch stereotype Formen mitteilbar macht; stereotype Formen, die den biologischen, neurophysiologischen, sinnesphysiologischen Gegebenheiten des Menschen entsprechen. Wie grundlegend der Niederschlag dieser humanen Gegebenheiten in den Strukturen unserer Sprachen ist, expliziert der Jakobsonsche universelle vokalische und konsonantische Triangel, der in allen Sprachen das Lautsystem aufbaut (vgl.Jakobson 1972): Im Spracherwerb artikuliert das Kind entsprechend seinen physiologischen Voraussetzungen zuerst den optimal offenen Vokal /a/, der maximalem Energieaufwand entspricht. Aus diesen neurophysiologischen Gegebenheiten und seiner auditiven Perzeption amalgamiert das Kind die Wahrnehmung der phänomenalen Eigenschaft des Vokals /a/, welche maximale Farbigkeit ist. All diese Eigenschaften des kompakten /a/ entsprechen den genannten humanen Gegebenheiten in Relation zum zweiten artikulierten Vokal (und allen anderen sukzessive am Aufbau des Lautsystems beteiligten Phonemen): dem diffusen /i/; der Mundraum ist bei der Artikulation des /i/ für Vokale optimal geschlossen, der Energieaufwand gering, und die phänomenale Eigenschaft ist relative Farblosigkeit.

Die neurophysiologischen und phänomenologischen Eigenschaften der Phoneme, mit denen Jakobson den Aufbau und Abbau des Lautsystems begründet, lassen sich auch in der Strukturierung der elementaren Kommunikationsbedürfnissen entsprechenden phonaesthematischen Strukturen feststellen. Diese Entsprechung zwischen Sprachform und psychophysischen Gegebenheiten des Menschen präsentiert sich uns in der Initialphase des Spracherwerbs besonders 'unverdorben' und konzentriert.

Die Priorität der Form in der Kindersprache wird besonders deutlich an der Fülle der 'sinnlosen' Kinderverse

(Eeny-meeny-miny-moe), in denen der normale Referenzbezug nicht vorhanden ist. Sie sind der Ausdruck viel elementarerer semantischer Kategorien. Der Sinn liegt in dem Spielen mit Formen, das Kind teilt seine sinnlichen Wahrnehmungen und Gedanken in phonologischen Strukturen mit, die von antonymen Strukturen wie der der Apophonie und anderen Alternationen bis zur reinen Reduplikation reichen und auf entsprechenden semantischen Strukturen basieren. Diese oppositären Strukturbeziehungen auf phonologischer und auf semantischer Ebene ebenso wie auch die anderen kindersprachlichen Lautspiele sind der sprachliche Ausdruck elementarer phänomenologisch-perzeptiver Strategien des Menschen. In anderen Sprachbereichen, wo uns Lautspiele weniger konzentriert begegnen, wo sie anderen Mitteilungsformen untergeordnet sind, gelten dieselben formalen Gesetze.

Daß die Funktion der in der Kindersprache in reinster Form emotiven Mitteilungsformen dort einen viel höheren Stellenwert hat als in der Kommunikation zwischen Erwachsenen, die sich auf einer Metaebene über die Welt unterhalten, zeigt sich also zum einen in der Vorliebe der Kinder für Lautspiele, zum anderen aber auch darin, daß sich individuelle ikonographische Strukturen der Kinder im pragmatischen Bezug der Familie etablieren können. Denn die kleine Sprachgemeinschaft der Familie ist durch ihre emotionale Verbundenheit sensibilisiert für die expressive Ausdrucksweise des Kindes, so daß der für jede Kommunikationsgemeinschaft notwendige Nachvollzug des Signifikats hier die Bedeutung der Lautspiele berücksichtigt, was ohne die emotionale Verbundenheit der Kommunizierenden nicht möglich wäre.

Die perzeptive und kognitive Einfachheit, die den Bedeutungen lautsymbolischer Wörter zugrunde liegt, konstituiert sich also wechselseitig mit ihrer spontanen und emotionalen Kommunikationsintention. Assoziative Verbindungen auf phonologischer und auch solche auf semantischer Ebene, die auf einfachen Einheiten ohne komplexe konzeptuelle Abstraktionsstruktur basieren, können spontan vom Kurzzeitgedächtnis geleistet werden, während semantische Assoziationen, die auf umfangreicheren kognitiven Organisationsstrukturen basieren, im Langzeitgedächtnis gebildet werden. Das Langzeitgedächtnis ist also vorwiegend höheren intellektuellen Leistungen vorbehalten, benötigt dementsprechend auch eine längere Arbeitsdauer; im Kurzzeitgedächtnis finden eher Operationen statt, die direkter auf unseren sensorischen Wahrnehmungsstrukturen basieren (vgl. Clark und Clark 1977. 135ff.). Deshalb leuchtet es ein, wenn sprachlich oberflächlich strukturierte, phonologische und semantisch einfache Einheiten spontan, mit nicht-intellektueller Intention assoziiert werden, also in der Kindersprache, im kolloquialen Sprachbereich, im Slang usw., wo vorwiegend spontane und eher affektive als sachliche Reaktionen ablaufen. Phonologische Parallelen können Assoziationen auf semantischer Ebene unterstützen, vorausgesetzt,es handelt sich um einfache semantische Konzepte (vgl. Esper 1973.54f.). Auch in dieser Arbeit konnte ich feststellen, daß es kaum phonologische Assoziationen gibt, die Assoziationen von komplexen semantischen Konzepten unterstützen. Deshalb setzen sich solche systematischen Verbindungen in informellen, spontanen Kommunikationssituationen am stärksten durch. Die Lautfunktion wird hier direkt für die Bezeichnung gebraucht. Wir haben es mit einer rudimentären Form der Kommunikation zu tun, die nicht über den Umweg der begrifflichen Abstraktion, sondern durch lautliche Konkretion bezeichnet: Die Bezeichnung steht in direkter Beziehung zum Bezeichneten. Speziell für die Kindersprache konnte nachgewiesen werden, daß Parallelen auf phonologischer Ebene leichter wahrgenommen werden als Parallelen auf semantischer Ebene. Erwachsene dagegen, bei denen begrifflich-komplexe Kommunikationssituationen im Vordergrund stehen, konzentrieren sich auf die Wahrnehmung auf semantischer Ebene, so daß die Wahrnehmung von phonologischen Parallelen kaum eine Rolle spielt. In den Kommunikationssituationen, in denen die perzeptiven Parallelen auf phonologischer Ebene liegen, liegt eine Beziehung dieser auditiven Wahrnehmungseinheiten auf die konkreten Einheiten der semantischen Ebene nahe. In formelleren Sprechsituationen wird eine umgekehrte Verbindung zwischen den vorwiegend komplexen abstrakten semantischen Einheiten und den konkreten auditiven Perzeptionseinheiten nicht motiviert. Deshalb bleiben lautsemantische Verbindungen auf semantisch einfache und konkrete Kommunikationsbereiche beschränkt.

Diese semantische Beschränkung ist aber für die Untersuchung dieses Bereiches von Vorteil: Bei der Zuordnung der Daten zu semantischen Kategorien ist die Gefahr einer subjektiv bedingten Über- oder Unterpräzision im Sinne einer zu feinen oder zu groben Klassifizierung nur in Grenzfällen gegeben, da es sich in den meisten Fällen ja um Zuordnungen zu sehr konkreten semantischen Kategorien handelt, die unter einem Minimum an Abstraktion von der lexikologischen Definition erfolgen können.

Nicht nur auf semantischer, sondern auch auf phonologischer Ebene setzen sich lautsemantische Verbindungen vom sprachlichen Normbereich ab: Die semantische Belastbarkeit submorphematischer Einheiten hängt von der Markiertheit ihrer phonologischen Struktur ab. Mit Abnahme des Wohlgeformtheitsgrades einer phonologischen Struktur steigt ihre Tendenz zu semantischer Belastung (vgl.Fudge 197o). Je seltener eine Struktur realisiert ist, desto weniger wohlgeformt ist sie, und desto weniger semantisch differenziert ist sie, d.h.die semantische Festlegung nimmt umgekehrt proportional zur Wahrscheinlichkeit des Vorkommens einer Struktur zu. Die geringe Wohlgeformtheit dieser meist einsilbigen Wörter basiert erstens auf einem hohen Maß an phonologischer Komplexität, d.h. auf clusterreichen Silbenstrukturen: smarm, smelt, smirch, smirk, snarl, snort, smart sind im Silbenanlaut und -auslaut durch zweistellige Konsonantencluster, frumps, mumps durch dreistellige Konsonantencluster im Silbenauslaut besetzt. Zweitens läßt sich die phonologische Markiertheit auf die Verletzung gewisser distributiver Beschränkungen der Phoneme innerhalb der Silbe zurückführen: Die phonologische Wohlgeformtheit hängt von der Clusterstruktur im Silbenanlaut und -auslaut ab sowie von den Beschränkungen, die zwischen An- und Auslaut einerseits und zwischen Silbenträger und Silbenauslaut andererseits bestehen. Auch phonotaktisch läßt sich also erklären, warum Phonaestheme sich vorwiegend in informellen Kommunikationsbereichen etablieren.

Das System von Phonaesthemen ist assoziationspsychologischen Vorstellungen entsprechend als komplexes Verbindungsnetz submorphematischer Einheiten vorzustellen. Eine Assoziation zwischen Submorphemen ist eine vieldimensionale Strukturbeziehung aus vielen mit diesen direkt und indirekt verbundenen Einheiten, wie es in Abb.(1) angedeutet ist. Und dieser Mehrdimensionalität der Verbindungen sollte eine Untersuchung von Phonaesthemen gerecht werden.

Zweitens legen assoziationspsychologische Konzeptionen - z.B. die von Deese (1962) - nahe, daß dieses Netz aus assoziativen Verbindungen Dichtezonen aufweist, in denen jeweils ein relativ hohes Maß an Zusammenhängen zwischen den darin enthaltenen Einheiten besteht. Die Dichtezonen bzw. Cluster sind durch einen hohen phonologischen und/oder semantischen Verwandtschaftsgrad definiert; der Verwandtschaftsgrad ist durch die Zahl der Zusammenhänge bestimmt, d.h. die Enge der semantischen Verbindung ist annäherungsweise quantitativ meßbar.

Es kann davon ausgegangen werden, daß diese Clustertendenz besonders im Bereich der phonaesthematischen Paradigmenbildung besteht, da sich hier submorphematische und semantische Analogien gegenseitig unterstützen. Semantisch verwandte Wörter bzw. ganze Paradigmen submorphematischer Strukturen, die semantisch verwandt sind, bilden eine semantisch definierte Gruppe.

Drittens ist zu vermuten, daß die submorphematischen Strukturbeziehungen zum Teil mit den semantischen Strukturierungstendenzen im Zusammenhang stehen: Submorphematische Strukturen, deren semantische Verwandtschaft sich auf einer hohen Zahl von semantischen Übereinstimmungen zwischen den mit diesen submorphematischen Strukturen realisierten Wörtern begründet, müßten also auch phonologisch ähnlich sein.

Die hier angestellten Überlegungen legen für eine empirische Untersuchung semantisch belasteter Submorpheme eine heuristische Untersuchungsmethode nahe. Die Untersuchung sollte von einem grösseren Korpus ausgehen, als es in den bisherigen Untersuchungen zur Lautsymbolik geschehen ist; denn nur dann ergibt sich die Möglichkeit, den grundlegenden Charakter, die Vieldimensionalität der Strukturbeziehungen, nachzuvollziehen.

1. Die hier gemachten Ausführungen sind die theoretischen Grundlagen meiner Dissertation 'Die semantische Belastung von submorphematischen Einheiten im Englischen', die 1983 erscheinen wird.

Literatur

Bolinger D.L., Word Affinities. American Speech 15. 1940, 62-73.

Bolinger D.L., Rime, Assonance, and Morpheme Analysis. Word 6. 1950, 117-136.

Clark H.H. und Clark E.V., Psychology and Language: An Introduction to Psycholinguistics. New York, 1977.

Deese J., On the Structure of Associative Meaning. Psychological Review 69. 1962, 1611-1675.

Eco U., Einführung in die Semiotik. München, 1972.

Esper E.A., Analogy and Association in Linguistics and Psychology. Athens, 1973.

Firth J.R., The Tongues of Men and Speech. London, 1964.

Fudge E., Phonological Structure and 'Expressiveness'. Journal of Linguistics 6. 1970, 161-188.

Jakobson R., Kindersprache, Aphasie und allgemeine Lautgesetze. Frankfurt/M., 1972.

Malmberg B., Die expressiven und ästhetischen Ausdrucksmöglichkeiten der Sprache. Ihre strukturelle und quantitative Beschreibung. Zeitschrift für Literaturwissenschaft und Linguistik 3. 1971, 9-37.

Mayerthaler W., Ikonismus in der Morphologie. Zeitschrift für Semiotik 2. 1980, 19-37.

Partridge E., A Dictionary of Slang and Unconventional English. New York, 1978.

Pesot J., Ikonismus in der Phonologie. Zeitschrift für Semiotik 2. 1980, 7-18.

2. SYNTAX

ZUR KONTROLLBEZIEHUNG IM DEUTSCHEN*

Werner Abraham, Groningen

1. Einleitung

Was besagt die Erscheinung, daß (1) ungrammatisch, (2) jedoch ohne Zweifel akzeptabel ist?

(1) *Hans wurde versprochen (von Georg) das Haus zu verlassen

(2) Hans wurde versprochen (von Georg) das Haus verlassen zu dürfen

(3) Hans wurde versprochen (von Georg) eigens zum Tee eingeladen zu werden

(4) Georg versprach Hans das Haus zu verlassen

Es kann aufs erste besehen nichts anderes bedeuten als (a) daß Argumente des Matrixsatzes einer bestimmten Charakteristik (worunter nicht einer bestimmten grammatischen Relation) die Referenzübernahme im Konstituentensatz nach dem Gesichtspunkt zulassen, ob sich im Konstituentensatz die bestimmte Charakteristik des Matrixarguments bei Wahrung der funktionalen und referentiellen Beziehungen aufrechterhalten läßt. Diese Matrixargumentcharakteristik ist eine semantisch-pragmatische: semantisch im Sinne von semantischen Rollenrelationen, pragmatisch als Sprechaktvoraussetzungen, die das Matrixverb und seine Argumente miteinander zur Bedeutungskontrastierung von anderen Verben verbinden.

(5) Georg versprach Hans das Haus verlassen zu dürfen

(6) Georg versprach Hans eigens zum Tee eingeladen zu werden

(7) Georg versprach Hans noch einmal einen Sieg zu erleben

Die Verteilung der Antezedenszuordnungen in den einzelnen Sätzen ist die folgende:

---

* Dies ist ein Teil aus Abraham 1982.

2 ... OB-GO/REC/EXP

3 ... OB-GO/REC/EXP

4 ...*OB/SU

5 ...??SU/OB, semantisch-modales Passiv

6 ...??SU/OB, syntaktisches (Vorgangs-)Passiv

7 ...??SU/OB, semantisch-lexikalisches Passiv

Bedingung (a) erklärt jedoch nur, daß (2) und (3) akzeptabel sind: Bei (2) und (3) ist ebenso wie bei (5) bis (7) das semantische Merkmal [+AG] beim zugrundeliegenden Subjektargument von versprechen (also bei Georg) und GO/REC/EXP beim zugrundeliegenden (Dativ-) Objekt (iO), Hans. Hans ist der "Übernehmer", der "Dulder" der Handlung, die Georg durchführt. Das Prädikat in (2) bis (7) ist "passiv" (nach semantisch-modalen, semantisch-lexikalischen und syntaktischen Kriterien), erlaubt also kein AG-Subjekt. Bei der Suche nach einem Antezedens für das unfreie PRO erweist sich das GO/REC/EXP-Argument als kompatibles Subjektargument für das Konstituentenprädikat im Infinitiv. (Die folgende Darstellung der Referenzverhältnisse mit Hilfe der Subskriptindexierung folgt den Grundgedanken von Williams (1980), vermeidet jedoch dessen Fehler, den gesamten Infinitiv als Prädikat und nicht als argumentgegliederte logische Relation aufzufassen.)

LS: VERSPRECH $(x_1, x_2, V_3(x_4, x_5))$
wobei $x_1=x_4$ bei V_3=[-passiv] ...SU-KO
$x_2=x_4$ bei V_3=[+passiv] ...OB-KO
x_5...Argumentvariable in Abhängigkeit von der V_3-Valenz

SemS: VERSPRECH [___AG,GO,OBJ]

SynS: VERSPRECH [___NP_1,(NP_2), {INF,$S_{daß/\emptyset}$}]

Ellipseneinschränkung: *(NP_2) bei V_3=[+passiv]

Die Ellipseneinschränkung erklärt die Nichtgrammatikalität von (8) unter OB-KO:

(8) *Georg versprach das Haus verlassen zu dürfen
eigens zum Tee eingeladen zu werden
noch einmal einen Sieg zu erleben

Die akzeptablen Lesarten von (8) unter SU-KO würden, so wollen wir annehmen, in einer pragmatischen Komponente beschrieben. Dabei werden die semantisch-sprechaktstrukturellen Kompatabilitätsregeln offenbar nicht außer Kraft gesetzt, sondern es tritt eine Zeitverschiebung in der Argumenterfüllung der Prädikate zu wahrheitsfunktionalen Aussagen ein, nur grob skizziert so:

t_1 (Zeit des Sprechaktes): Georg hat noch keine [+AG]-Charakteristik inbezug auf OBJ-Referenten

t_2 (Referenzzeitpunkt in der Zukunft in Relation zur Sprechaktzeit): Georg hat [+AG]-Charakteristik inbezug auf OBJ-Referenten

Leistet jedoch (a) auch eine Erklärung für (1)? Schließlich unterbindet keine der Bedingungen in Strategie (a) die richtige Antezedenszuweisung; trotzdem ist der Satz ungrammatisch. Eine Erklärung läßt sich einmal finden, wenn wir den INF strukturell als Konstituentensatz analysieren (wofür eine Reihe von unabhängigen empirischen Gründen sprechen); dann nämlich steht das NP-Antezedens im Aktivsatz in einer c-command-Relation zum impliziten Pronomen des Infinitivs; es geht aber diese strukturelle Beziehung nicht ein, wenn es als PP wie im Passivsatz realisiert ist. Zudem erweist sich die Prüfung von (1) im Sinne von (a) als erfolgreich: der semantische Valenzträger GO/REC/EXP des iO kann nicht die semantischen Referenzbedingungen für das Subjekt des Tätigkeitsverbs verlassen erfüllen.

Die Beispiele in (1) bis (7) illustrieren also die Notwendigkeit einer strukturellen und einer semantisch-pragmatischen Bedingung zur Erklärung von KO-Erscheinungen. Trotzdem, scheint es, sind beide keine hinreichenden Bedingungen: die semantischen Bedingungen deswegen nicht, weil die KO-Erscheinung überhaupt im semantischen Bereich erst erwägbar wird, sofern Bedingungen der SSK dazu Anlaß geben; und die Bedingungen der c-command-Relation deswegen, weil sich Beispiele und KO-Beziehungen finden lassen, in denen die c-command

Relation in strikter Weise n i c h t erfüllt ist.

2. Semantische bzw. pragmatische Strategien, die bei der Zuweisung des Kontrollantezedens wirksam werden

Diskutieren wir diese Eigenschaften anhand des folgenden Beispiels:

Ich [AG] verspreche ihr [GO] etwas/INF/S[OBJ].

Angenommen OBJ ist eine Proposition; dann bieten sich zwei Möglichkeiten:

1. Wenn OBJ potentiell aktiv (agentisch) ist, dann steht das Subjekt des Matrixsatzes (da es ein Agensverb ist) potentiell und partiell in Attraktion mit dem Subjekt des eingebetteten Satzes (da auch dieses Agenscharakter hat).

2. Wenn OBJ potentiell passiv (patientisch) ist, dann steht das Matrixobjekt (da es GO-Charakter hat) partiell in Attraktion mit dem eingebetteten Subjekt (da dieses den Charakter [-AG] hat).

Welcher grammatisch-lexikalischen Art sind nun die in 6. genannten "Inaktivelemente"?

3. Passivsyntax: Zustandspassiv (Inaktivität einer Eigenschaftsbeschreibung), möglicherweise auch das Vorgangspassiv (Siebert-Ott 116f.).

4. Prädikativstrukturen mit der Kopula sein: also sein + Adj bzw. NP.

In diese Klasse gehört möglicherweise auch eine Reihe von "lexikalisch passiven" Verben: meinen, kriegen, bekommen, lassen.

Man vergleiche den folgenden Satz:

(9) Der Vater überzeugte seinen Sohn nach stundenlangem Reden schließlich doch noch es aufrichtig mit ihm zu meinen (Siebert-Ott,166: Fn.21)

5. Modalverben: dürfen, müssen, können, denen das Merkmal [-intent] gemeinsam ist. Die Modalverben mögen, wollen mit dem Merkmal [+intent] schließen sich hier aus.

Für die meisten dieser obengenannten Einschränkungen und darunter vor allem die grammatischen Einschränkungen, die allesamt auf heuristische Beobachtungen zurückgehen, läßt sich nicht ohne weiteres eine zusammenhängende Erklärung finden. Versuchen wir dies im Folgenden zu der Feststellung, daß akkusativische tV nur OB-KO zeigen. Dies steckt in der Einschränkung 4. oben sowie z.T. in 1. Man vergleiche dazu die logischen Repräsentationen zu versprechen, empfehlen, drohen als iO-V sowie bitten, überreden, überzeugen, warnen als tV mit Akkusativobjekt.

LS: bitt $(x_1, V_2(x_3, X_4))$

x_3 ... Akkusativobjekt, X_4 ... NP je nach V2-Valenz

LS: versprech $(x_1, x_2, V_3(x_4, X_5))$

x_2 ... Dativobjekt, X_5 ... NP je nach V_3-Valenz

Der Akkusativ beim Akkusativ-tV ist direkt in ein Passivsubjekt überführbar, der Dativ des iO bei versprechen natürlich nicht. Wenn das kontrollierende NP im Passiv als Subjekt erscheint, ist es c-command-wirksam gegenüber dem Infinitivsubjekt. D.h. die OB-KO-Relation bleibt erhalten, da die strukturelle Bedingung erhalten bleibt. Bei der KO im Satz mit iO muß OB-KO und damit Dativobjektantezedens vorliegen; das Subjekt des Aktivsatzes verliert ja seine strukturelle c-command-Wirksamkeit in Bezug auf das eingebettete Subjekt.

Dies ist eine hinreichende strukturelle Bedingung dafür, daß Akkusativ-tV OB-KO zeigen; es ist jedoch keine notwendige Bedingung. Denn es wäre erstens zu zeigen, warum Akkusativ-tV nicht SU-KO haben - was durch keine strukturelle oder semantische Bedingung plausibel auszuschließen ist; und zweitens müßte gezeigt werden, daß es keine KO-Verben mit intransitiven Akkusativobjekten gibt, die eine Passivsubjektkonversion ausschließen. Dies scheint noch stärker als die erste eine rein heuristisch zu bewältigende Frage zu sein; d.h. man müßte alle KO-Verben auf diese Eigenschaft hin durchmustern. Jedenfalls ist die Antwort auf die Eingangsfrage unvollkommen und undeutlich beantwortet.

3. Weiterführende Überlegungen zur Argumentstruktur

Läßt sich die Entscheidung, ob ein Verb SU- oder OB-kontrollierend ist, nicht doch wenigstens nach bestimmten lexikalisch-semantischen Charakteristiken voraussagen und zwar aufgrund solcher Charakteristiken, die mit jenen auf einen Nenner gebracht werden können, die für den KO-Wechsel verantwortlich sind?

Subjektkontrolle	Objektkontrolle
schwören	verlangen von
geloben	bitten
spotten	drängen
spassen	befehlen
lästern	warnen
versprechen - Versprechen abgeben	fordern
drohen - Drohung gegenüber machen	überzeugen
(mitteilen -) die Mitteilung machen	überreden
verraten	bestechen
Geheimnis preisgeben	bestimmen
	empfehlen
	einladen
	mahnen
	zwingen

Diese Verben sind subjektbezogen (genauer: das Antezedens für die Referenzzuweisung des Subjekts im eingebetteten Satz ist das Matrixsubjekt) insofern, als mit dem Inhalt des eingebetteten Satzes etwas über den Sprechhandelnden (denjenigen der schwört, spottet, verspricht, droht usw.) referiert wird; der Sprechhandler steht in direkter

Die Verbinhalte sind objektsbezogen insofern, als die Haltung des Sprechhandlers durch Ang und dessen soziale Stellung gegenüber dem Sprecher bestimmt wird. Die Einflußnahme auf Ang durch Spr ist durch die Wortwahl gesichert, ebenso der Eindruck dieser Einflußnahme bei Ang, mit dem dieser sich auseinanderzu-

Beziehung zur Ausführung bzw. Verantwortung oder Verursachung der im eingebetteten Satz referierten Handlung.	setzen hat.
(Spr ... Sprechhandler)	
Spr schwört: Spr tut das verspricht droht verrät	Spr bittet Ang: Ang, tue das! befiehlt IMPERATIV zwingt überredet warnt Ang: Ang, tue das nicht NEG-IMPERATIV

4. Variablen und Konstanten, die den Kontrollwechsel bestimmen

Orientieren wir uns im Folgenden an den für die beiden Kontrollrelationen paradigmatisch zu verwendenden Verben <u>versprechen</u> und <u>befehlen</u>. Die Beispiele unten zeigen, daß <u>versprechen</u> keinesfalls wie allgemein angenommen nur als SU-KO-Verb fungiert; vielmehr bestimmt der durch den eingebetteten Satz festgelegte Kontext die Antezedenszuweisung.

(10)(a) Der Vater versprach seinem Sohn für ihn ein Tretauto zu kaufen ... SU-KO

(b) Der Vater versprach seinem Sohn zum Geburtstag ein Tretauto zu bekommen ... SU/OB-KO

Man beachte, daß die arbiträre Antezedenszuweisung in (10)(a) auch bei finitem eingebettetem Satz (also ohne $\bar{S}$-Tilgung) erhalten bleibt.

(10)(c) Der Vater versprach seinem Sohn, er würde zum Geburtstag ein Tretauto bekommen

(11)(a) Max versprach Wim ihn unter die Listenkandidaten aufzunehmen ... SU-KO

(b) Max versprach Wim unter den Listenkandidaten aufgenommen zu werden ... OB-KO

(c) Max versprach Wim er würde unter den Listenkandidaten aufgenommen werden ...OB-KO

(12) (a) Dahrendorf versprach Paul in Oxford zu studieren/nach Oxford zu fahren ...SU-KO

(b) Dahrendorf versprach Paul in Oxford zugelassen zu werden ...SU/OB-KO

(c) Dahrendorf versprach Paul im nächsten Monat in Oxford zu sein ...SU/OB-KO

Bei den (b)- und (c)-Versionen in (11) und (12) ergeben sich Präferenzunterschiede zwischen SU- und OB-Kontrolle. Ich gehe auf die möglicherweise nur enzyklopädisch zu entscheidenden Schwankungen (man vergleiche hier vor allem (12)(a) bei jenem Leser, der weiß, daß Dahrendorf selbst Präsident der Universität von London ist!) nicht weiter ein.

Etwas undeutlich ist, ob die Verben des Berichtens im Deutschen ebenso wie im Englischen oder im Italienischen (vgl. Manzini 1982:18) Infinitive selegieren - ich selbst würde, da ich etwas an der Grammatikalität solcher Infinitive nach Verben des Berichtens im Deutschen zweifle, lieber finite Nebensätze konstruieren. Die folgenden Beispiele scheinen nicht unmöglich - man beachte wieder die Bedingungen für den Wechsel von SU-KO zu gespaltener Kontrolle.

(13) Max gab Ludwig Nachricht ins Ausland gereist zu sein ...SU-KO

Der Leser möge hierzu auch die Infinitivkonstruktion bei <u>berichten</u>, <u>mitteilen</u>, <u>erzählen</u>, prüfen.

(14)(a) Max teilte Ludwig mit unter den Spanienfahrern zu sein/ sein zu dürfen ...SU/OB-KO

(b) Max verriet Ludwig der Lösung nahe zu sein...SU/OB-KO

(c) Max verriet Ludwig die Lösung der Akademie der Wissenschaften mitgeteilt zu haben...SU-KO

Der Vergleich von (14)(b) und (14)(c) scheint deutlich zu machen, daß es bei der Qualifizierung des Nebensatzes nicht darauf ankommt, ob "Passivität" oder "Aktivität" des gesamten Vorgangs vorliegt, sondern ob der Vorgang mit Wissen und Absicht des Subjektreferenten des Nebensatzes eingeleitet wurde oder nicht; vgl. (15)(a) und (b).

(15)(a) Max machte Ludwig die Mitteilung die Karten abgegeben zu haben ...SU-KO

(b) Max machte Ludwig die Mitteilung unter den Kartenempfängern zu sein ...SU/OB-KO

Hier handelt es sich also um Kontrollwechsel bzw. gespaltene Kontrolle bei grundlegender SU-KO. Ein Relationswechsel bei grundlegender OB-KO scheint wohl seltener zu sein, ist aber trotzdem nicht ausgeschlossen. <u>anweisen</u> ist grundlegend ein OB-KO-Verb.

(16) Der Chef wies den Verkäufer an die Ware zurückzunehmen...OB-KO

(17)(a) Der Chef wies den Ladenverkäufer an, am Vormittag in seinem Büro in Ruhe gelassen zu werden/in Ruhe arbeiten zu dürfen ...?OB/SU-KO

Zweifel, ob hier überhaupt Subjektkontrolle grammatisch möglich ist und nicht durch überlagernde enzyklopädische Beziehungen hervorgerufen wird, lassen sich anhand von (17)(b) leicht zerstreuen.

(17)(b) Der Chef gab die Anweisung in Ruhe arbeiten gelassen zu werden/in Ruhe schlafen zu dürfen

Bei Ellipse des Personsobjekts ergibt sich bei "passivischem"eingebettetem Satz eindeutig Subjektkontrolle. Dieselbe Richtung des Kontrollwechsels läßt sich auch bei (18) und (19) beobachten.

(18) Scipio überredete den Senat Hannibal den Krieg zu erklären ...OB-KO

(19)(a) Scipio überredete den Senat frei handeln zu dürfen...SU-KO

(18)(b) Scipio warnte den Senat unter Zwang handeln zu müssen...SU/OB-KO

(c) Scipio überzeugte den Senat mit der Verfügungsgewalt über das Militärbudget ausgestattet zu werden...SU-KO

In den Beispielen (18)(a) bis (c) scheint deutlich eine Regel "Referenzzuweisung ex negativo" wirksam zu sein. Die Grundstrategie, Zuweisung von OB-KO, wird widersinnig: Es ist widersinnig jemanden zu überreden, daß er etwas darf; dies widerspricht den Sprechaktstrukturregeln. Die Ersatzstrategie sucht dann das zweite verfügbare NP zur Antezedensreferenz. Wenn es nur irgendwie geht, bleibt jedoch die Referenzzuweisung nach der lexikalischen Grundrelation erhalten.

(18)(d) Scipio überzeugte den Senat ihm freie Hand zu geben...OB-KO

(e) Scipio überredete den Senat ihn frei handeln zu lassen...OB-KO

Prüfen wir kurz die Sprechaktstruktur von überzeugen, um möglicherweise etwas Systematischeres über diesen Kontrollwechsel aussagen zu können. Eine sehr grobe Strukturanalyse des Sprechakts reicht hierbei aus.

überzeugen: Spr beeinflußt Ang derart, daß dieser glaubt, daß richtig ist, was Spr von ihm will/was Spr will, daß Ang tut (läßt, denkt).

Hier scheint dürfen als [-AG]-Verb die stärkste Inkompatibilität mit Ang zu haben. D.h. es gehört zur Grundstruktur der richtigen Verwendung von überzeugen, daß beim Angesprochenen (dem Referenten des Personsobjekts im Matrixsatz und Subjekts im eingebetteten Satz) unabdingbar das Merkmal der bewußten und intendierten Aktivität steht. überreden unterscheidet sich von überzeugen nur insofern, als zu überreden die sprechaktstrukturelle Voraussetzung gehört, daß Ang vorher nicht zu tun beabsichtigte, wozu Spr ihn überredet.

Man beachte, daß auch Nichtinterpretabilität unter jeder der beiden Kontrollrelationen sich einstellen kann.

Dies zeigt deutlich, wie sehr hier enzyklopädisch-pragmatische Abbildungsmechanismen wirksam sind, die nach einem Plausibilitätskriterium evaluiert werden.

(18) (f) *Scipio überzeugte den Senat, alle Verfügungsgewalt über das Militärbudget ausüben zu müssen

Hier wird offenbar ein dritter Verpflichter durch <u>müssen</u> impliziert, der aber nicht genannt ist und im Stellenplan der Verben auch nicht vorhanden ist.

Diese Beobachtungen zu Bedingungen des Kontrollwechsels lassen sich auch dort machen, wo Vollsatzkomplemente und nicht nur Infinitive vom Matrixverb selegiert werden. Ein schönes Beispiel wird von Manzini (1982:19) konstruiert, das ich hier im Deutschen nachziehe.

(19) Max teilte Ludwig mit, er sei ins Ausland gereist

Das Subjekt des eingebetteten Satzes kann hier nur Koreferenz mit dem Subjekt aufweisen - so scheint es jedenfalls. Doch die Wahl eines anderen Verbs im eingebetteten Satz zeigt, dass neben der hier uninteressanten freien Antezedenszuweisung Kontrolle sowohl durch das Subjekt wie das Objekt im Matrixsatz möglich ist.

(19) (a) Max teilt Ludwig mit, daß er unberücksichtigt geblieben sei

Diese freie Antezedenszuweisung verschwindet bei Infinitivselektion.

(20) Max teilte Ludwig mit unter den gewählten Kandidaten zu sein...SU/OB-KO

(21) Max teilte Ludwig mit teilnehmen zu können/dürfen/müssen...SU/OB-KO

Angenommen nun, wir wählen eine Situation, in der der Referent des Personsobjekts in (19) wohl etwas bewußt tut (nämlich gereist zu sein), aber in Unkenntnis darüber ist, dass diese Reise ins Ausland stattgefunden hat. Hier handelt es sich also um eine Modifikation der Proposition des eingebetteten Satzes im Hinblick auf ein Argument des eingebetteten Verbs. Eine solche Situation ist leicht vorstellbar etwa in Italien, wo Ludwig das politische Territorium des Vatikans betreten und damit Italien verlassen hat, ohne sich darüber im Klaren zu sein.

Prüfen wir wieder zuerst die Sprechaktstruktur von mitteilen.

MITTEILEN: der Subjektreferent versorgt Ang mit solcher Information, über die Ang vorher nicht verfügte oder die Spr für Ang für notwendig hält.

Bei ins Ausland reisen kann nur eine durch den Objektreferenten wissentlich vorgenommene Handlungsreferenz vorliegen, sodaß die Mitteilung darüber an den Referenten des Matrixobjekts höchst überflüssig wäre. Er verbleibt also als Antezedens nur mehr das Matrixsubjekt - dies im Gegensatz zu (20) und (21).

Wird im Wortlaut vor allem des eingebetteten Satzes deutlich, daß tatsächlich eine Mitteilung vorliegt, die einen neuen Wissensstand bei Ang besorgt, dann stellt sich gespaltene Kontrolle wie bei (20) und (21) ein.

(19) (g) Max teilte Ludwig mit sich nun im Ausland zu befinden

(h) Max teilte Ludwig mit nun in ein Ausland eingereist zu sein/die Grenze in ein Ausland übertreten zu haben...SU/OB-KO

Auch bei einer strengen festgelegten Grundkontrollrelation lassen sich die gleichen Bedingungen für Kontrollwechsel beobachten. Voraussetzung ist jeweils, daß wir uns über die sprechaktstrukturellen Bedingungen der richtigen Verbverwendung Klarheit verschaffen. versprechen ist ein grundlegendes und strenges SU-Kontrollverb. Dies läßt sich deutlich anhand von Koreferenzdistributionen überprüfen.

Ich verspreche (dir) dir zu helfen

*Du kriegst versprochen dir zu helfen

*Dir wurde versprochen dir zu helfen

*Dir wurde von mir zugesagt dir zu helfen

*Du bekamst von mir zugesagt dir zu helfen

In all diesen Fällen ist das Subjekt des Matrixsatzes

das ursprünglich und für die Antezedenszuweisung verbindliche Objektargument zu versprechen bzw. zusagen. versprechen und zusagen sind jedoch SU-KO-Verben. Trotzdem ergibt sich bei "passivischem" Referenten des eingebetteten Satzes Objektkontrolle.

(22) Max versprach/sagte Ludwig arbeiten zu dürfen/*zu gewinnen

Verschaffen wir uns nun Klarheit sowohl über die Sprechaktstruktur von versprechen als auch über die semantischen und pragmatischen Strukturbedingungen für die im eingebetteten Prädikat verwendeten Verben.

versprech: Sprechhandelnder verpflichtet sich gegenüber Ang zu PROP. PROP muß Tätigkeitsreferenz besitzen: d.h. SU des eingebetteten Satzes hat das Merkmal [+AG].

*Er versprach Schmerz zu empfinden

*Er versprach sie zu erblicken

*Er versprach ausgepeitscht zu werden

*Er versprach alles aufessen zu dürfen/müssen/sollen

Es scheint nach diesen Beobachtungen nicht genau genug zu sagen, daß alle Kontrollverben eine strenge und eine lockere Kontrollesart besitzen und daß die lockere Lesart nur dann zur Geltung kommt, wenn sich die strengere "ausirgendeinem Grunde" nicht vertreten läßt (Manzini 1982: 20). Der Kontrollwechsel läßt sich in einer genaueren, wenn auch pragmatisch-semantischen fassen. Prüfen wir dazu kurz noch die Nominalderivate für die eingebetteten Infinitive.

(23) Max versprach Ludwig seine Zustimmung (/zuzustimmen)

Zustimmung setzt in der Charakteristik zur semantischen Valenz des Verbs zustimmen ein bewußtes Agens voraus; dies ist bei der durch die Grundkontrollrelation zur Verfügung gestellten Subjekt-Kontrollrelation plausibel und damit erfüllbar.

(24) Max versprach Ludwig die Zulassung zum Konservatorium (/zum Konservatorium zugelassen zu werden)

Es ist aufs erste nicht sehr sinnvoll, (24) nach einer Lesart zu interpretieren, in der eine dritte, in dem vorliegenden Satz nicht genannte Autorität die Zulassung des Referenten des Matrixsubjekts zusagt - die näherliegende Interpretation ist es, die Versprechensautorität (den Sprechhandelnden zu versprechen) unter den beiden vorliegenden NPs zu suchen. Ist der Referent des Matrixsubjekts einmal als Sprechhandelnder vergeben, so kommt bei "passivischem" eingebettetem Satz als Subjekt und damit kontrolliertem NP nicht mehr das grammatisch demovierte Subjekt in Betracht, sondern der Referent von Ang im Matrixsatz: damit ist der Wechsel zu OB-KO vollzogen.

Prüfen wir nun kurz die sprechaktstrukturelle Charakteristik der Modalverben.

dürfen, müssen: Der Subjektreferent steht unter Zwang durch etwas bzw. andere in Bezug auf einen bestimmten Sachverhalt.

sollen [+OBLIGATORISCH]: Der Subjektreferent steht unter der Verpflichtung durch andere in Bezug auf einen bestimmten Sachverhalt.

wollen [mit Infinitivselektion]: Der Subjektreferent ist selbst motiviert in Bezug zu einem bestimmten Sachverhalt.

Prüfen wir, um die oben beobachtete Systematik einer Kontrolle zu unterziehen, noch komplexere Sprechaktverben, nämlich drohen und warnen. Man beachte dabei, daß sich Lesartüberschneidungen zwischen drohen und warnen ergeben.

DROHEN

SynS: $[\_\_NP_1, (NP_2) (\{mit{+}NP_3, INF, S_d\})]$

LogS: $DROH(x_1, x_2, V_3(x_4, x_5))$

x_2 ... Dativobjekt

$x_1 = x_4$, V_3 muß [+AG] sein

($x_2 \neq x_4$, da V_3 nie [-AG])

SemS: [__AG,GO,OBJ]

V_3 ...*[__-AG,...]

Ich erspare mir hier die Darstellung des Lexikonformats für warnen, da es in diesem Zusammenhang darauf nicht ankommt.

Zu den Voraussetzungen des droh- bzw. warn-Aktes gehören offenbar folgende Handlungscharakteristiken: Der Spr/droh-Handelnde ist oder wähnt sich in der Position der physischen oder psychischen Überlegenheit gegenüber dem Ang und zwar in Bezug auf einen impliziten potentiellen Vorgang ($PROP_1$), dessen Eintreffen Spr zum Vorwand nimmt, $PROP_2$-OBJ durchzuführen oder zu veranlassen. Der Inhalt von $PROP_2$-OBJ schadet Ang.

Der Spr warn-Handelnde ist oder wähnt sich in einer sozial-strategischen Position gegenüber dem Angesprochenen derart, daß der Warnakt auf Ang einen Eindruck macht.

Hier scheint es sich um Voraussetzungen bzw. Folgerungen aus den beiden Akten zu handeln. Diese müßten sich noch sauberer trennen lassen. Prüfen wir zu diesem Zwecke zweierlei: einmal eine Reihe von Sätzen, die eine komplexe Handlung und den dazu nötigen Kontext beschreiben, und zum zweiten eine Situationskonstante.

Ich drohe dir [(ich) dich alleine zu lassen]$_A$ (wenn du (nicht)B/wegen B)

*Ich drohe dir (ich) mich alleine zu lassen

*Ich warne dich (du) dich alleine zu lassen

Ich warne dich [(du) dir die Füße zu waschen]$_B$ (sonst A)

Ich warne dich davor [(du) dir die Füße nicht zu waschen]$_B$ (sonst A)

Situationskonstante

Vater(x_1) ist mit seiner vierjährigen Tochter(x_2) am Strand und bricht nach Hause auf:

x_1 fordert x_2 auf sich die Füsse abzuwaschen (B), bevor $x_1 x_2$ mit dem Auto mitnimmt, wenn x_2 nicht will, daß x_1 sie alleine läßt (A) .

Unter Verwendung der oben gebrauchten Abkürzungen für die Handlungsteilnehmer und die Teilhandlungen A und B können wir nun für drohen und warnen die folgenden

Sprechaktanalysen vornehmen:

DROHEN

Voraussetzung: x_1 ist in einer sozial-strategischen Position, sein Versprechen gegenüber x_2 wahrmachen zu können.
Strukturelle Beschreibung:
x_1 verspricht x_2, daß A (falls nicht-B)
x_1 befiehlt x_2 B (sonst A) ... indirekter Befehl.
Folgerung des Drohaktes: A schadet x_2.

WARNEN

SB: x_1 befiehlt x_2 B, da sonst A
x_1 verspricht x_2, daß A (falls nicht-B) ... indirektes Versprechen.
Voraussetzung: x_1 kann x_2 gegenüber sozial-strategisch einen Befehl erteilen.
Folgerung des Warnaktes: B schadet x_2.
Es liegt also ein bestimmter Typ der Konversenbeziehung zwischen warnen und drohen vor, der offenbar (und partiell) auch zwischen befehlen und versprechen besteht.

OB-KO		SU-KO		OB-KO		SU-KO
warnen	:	drohen	=	befehlen	:	versprechen

Die Konversenbeziehung bezieht sich auf die beiden Propositionsargumente zu warnen bzw. drohen, die wechselweise implizit sein können: B mit einer bestimmten Folgerungsverknüpfung bei warnen, A mit einer bestimmten Kausalverknüpfung bei drohen. warnen und drohen sind sprechaktstrukturell komplexer als befehlen und versprechen, da bei den letzteren die impliziten Propositionsargumente fehlen (aber zur Erstellung der oben angestellten semantischen Proportion realisiert werden können).

5. Zusammenschau

Ich habe versucht, Erklärungen für KO-Wechsel bei Prädikatenbündelungen wie in

Ich drohe dir zu kommen ... SU-KO
Ich warne dich zu kommen ... OB-KO
Ich drohe dir kommen zu wollen ... OB-KO
Ich drohe dir kommen zu dürfen ... OB-KO

zu finden. Ein rein lexikalisches Festschreiben reicht ja hierfür ganz offensichtlich nicht aus. Die Beobachtungen bestätigen und präzisieren die früher (in Kap.2) gemachten intuitiven Erklärungen und stellen lexikalisch-pragmatische Zusammenhänge an einem begrenzten syntaktischen Phänomen dar.

Bibliographie

Abraham, W., Zur Kontrollbeziehung im Deutschen. In: Groninger Arbeiten zur germanistischen Linguistik, (GAGL) 21/1982, 112-167.

Chomsky, N., On Binding. In: Linguistic Inquiry, 11/1980, 1-46

Koster, J., On binding and control. Tilburg, 1981.

Manzini, M.R., On control. Vervielfältigt. Cambridge, 1982.

Siebert-Ott,G., Kontrollprobleme in infiniten Komplementkonstruktionen. Dissertation. Ungedruckt. Köln, 1982.

Abkürzungsverzeichnis

Adj	= Adjektiv
AG	= Agens
Ang	= Angesprochene(r)
EXP	= Experiencer
GO	= Goal
INF	= Infinitiv
Indent	= indentional
iO	= indirektes Objekt
iO-V	= indirektes-Objekt-Verb
KO	= Kontrolle
LogS, LS	= logische Struktur
NEG	= Negation, negiert
NP	= Nominalphrase
(D)OB, OBJ	= (direktes) Objekt
PP	= Präpositionalphrase
PROP	= Proposition
REC	= Recipient
S	= Satz
SB	= Strukturbeschreibung
SemS	= semantische Struktur
Spr	= Sprechende(r), Sprechhandelnde(r)
SSK	= strenge Subkategorisierung (syntaktische Valenzbeschreibung)
SU	= Subjekt
SynS	= syntaktische Struktur
tV	= transitives Verb
V	= Verb

ASPECTS OF GRAMMATICAL MEANING: THE POSITIONING OF THE DUTCH FINITE VERB

Saskia Daalder, Amsterdam

1. The meaning of grammatical categories

A fundamental task for the grammatical study of a language lies in establishing the synchronic categories of the language: i.e. sorting out the true categories from the traditional and recent stock of notions and form classes. But if we really want a role in language use for the categories, we have to keep to a strict view on the correlation of forms and meanings. That is, in grammar it should be maintained that for its constitution as a grammatical category, each class of forms needs to be associated with a specific meaning.

The thesis that each grammatical category has a constant meaning through all of its possibilities of use often meets with scepticism. The proposed unitary meanings for the categories sometimes come out fairly abstract and as a result such analyses are denounced for being 'vague', 'untestable' etc. Furthermore, the fact that distinct form classes tend to be overlapping in the range of their uses is taken as an indication of poor prospects for such associated meanings. However, these facts need not be taken as proof that the thesis is false. We could just as well consider the possibility that some of the analysed form classes might not be a true grammatical category after all.

This might seem circular, but it is not. The necessity to assume some meaning identity for each grammatical category stems from considerations about the general use and function of language. Very briefly: the identification of similarities - and thus of form categories - is checked by its usefulness in some internal process. Usually, the forms are not themselves object in the internal process; therefore, if forms of a certain class are regularly identified, this must be because of something they 'mark' expressly: some category of experience, some meaning. It follows then, that establishing the abstract and general meaning of a category is a necessary guarantee for the reality of the category. Where no general meaning can be found for an alleged category, we have to simply drop it as a synchronic marking because it is not, then, a truly crucial aspect of language form. In such a case, the class usually participates in a more inclusive class, but without an identity of its own.

2. Positions of the Dutch finite verb

I will try to establish which, if any, are the grammatical categories constituted by the position possibilities of the Dutch finite verb, the so-called 'persoonsvorm', lit.: 'personal form'. In the grammatical literature, three positions are generally distinguished: the finite verb can be placed either first in its clause, or second, or in what is commonly and conveniently called final position. 'Final' position in fact comprises all positionings beyond the second position, the distinction between them being immaterial to the present issue. Some examples (the finite verbs are underlined):

First position:	Zeg, kom jij ook? 'Tell me, are you coming too?'
Second position:	Jazeker, ik kom ook 'Sure, I am coming too'
Final position:	Leuk dat jij ook komt 'Nice that you are coming too'

It will be immediately clear that we have to consider the position of the finite verb within the clause which is defined by this verb with its subject and adjuncts as a result of their intrinsic qualities, not of their relative positions. The position possibilities are often said to depend on the clause type: 'main clauses' are then said to have patterns different from 'subordinate clauses'. But as the distinction between main and subordinate clauses cannot in fact do without reference to precisely the position of the finite verb, I prefer not to preclude the issue and to analyse the patterns 'from within'. That is, I will try to establish what the positionings of the verb <u>do</u> for the functioning of the clause is, what effects they have, if any. This course of action has been taken earlier by Merckens (1960) and Kirsner (1979).

From the discussion of the nature of grammatical categories it follows that we search for the categories and their <u>invariant</u> meanings. This is not to deny the fact that each of the patterns has a range of distinguishable functions. On the contrary, we will try to find a plausible common denominator for precisely that whole range of functions. But only with such a unitary meaning are we justified in claiming the positions to constitute themselves grammatical categories, rather than to be just consequences of other, essential factors.

3. Verb-second clauses

It is traditionally said that Dutch 'declarative sentences' have their finite verb in second position. Searching for the effect of the positioning, we could try to reverse the formulation and hypothesize that the finite verb in second position as such is a grammatical marking of 'declarative' or 'asserting' character, as it is in fact done by Merckens (1960: 252) and Kirsner (1979: 90-1). However, this attempt breaks down. While it is true that clauses with the verb in second position are indeed often taken as assertions - (1a) below -, it is not by far possible to postulate this as a common core for all uses. This is immediately apparent from the verb-second clauses to follow.

(1)a Hij <u>is</u> in Griekenland
he is in Greece

b Wat <u>heb</u> je gedaan?
what have you done
'What did you do?'

c Hij <u>heeft</u> het inderdaad doorgezet??
he has it indeed carried through
'You mean he carried the thing through??'

d Misschien <u>ga</u> ik nog wel
maybe go I (Particles)
'I might still go'

e Men <u>neme</u> tent en muziekinstrumenten mee
one bring-(subjunctive) tent and musical instruments along

'You could bring along your tent and musical instruments'

f Stel, u bent burgemeester van een grote stad, en u moet...
suppose you are mayor of a big city, and you have to..

g Al was je de koningin zelf
even if were you the queen herself
'Even if you were the queen'

h Je laat je auto maar staan
you leave your car (Particle) stand
'You better leave your car here'

i Wat hadden we een plezier!
what had we a pleasure
'The pleasure we had!'

j Hij had gezegd hij zou komen
he had said he would come

We observe that some verb-second clauses are in fact questions (b,c), others have modal characteristics (d), still others are suggestions, requests or exhortations (e, h), hypotheticals (f), exclamations (i), unrealistic conditions (g) or quotes (j) - just to give an idea of the variation. Apparently, the state of affairs suggested by a verb-second clause is not as such asserted to be true. Nor is just the process named by the verb said to hold in reality (pace Merckens, l.c.). We can only say that a certain connection of entities, qualities and a process is made present, let us say 'for consideration'. But this is the result of the mere co-occurrence of the language elements, and has nothing to do with the order in which they appear. So we must conclude that a second position of the finite verb does not in itself seem to carry a specific meaning.

4. Verb-first clauses

A finite verb in first position in its clause does seem to make present a specific meaning. Merckens as well as Kirsner (l.c.) characterise this type of clauses as invariantly 'non-asserting'; De Groot (1965: 100) gives 'uncertain'. But these notions seem too narrow, as we will see. Furthermore, 'non-asserting' in fact looks more like the absence of some marking and thus would not constitute a meaning after all. Let us have a look at some examples of representative variation.

(2)a Kom jij ook?
come you too

'Are you coming too?'

b Had ik het maar geweten!
had I it only known
'If I had only known!'

c Leve de jarige!
may-live the one-having-birthday
'The one whose birthday it is, may he live!'

d Gaat u maar eerst
go you (Particle) first
'You go first'

e Nemen we de zaak dan even systematisch door
discuss we the issue (Particles) systematically
'Now, let's discuss things systematically'

f Wees kalm, alsjeblieft!
be quiet, please

g Zijn ze eenmaal getrouwd, (dan zie je ze nooit meer)
are they once (fut.) married then see you them never again
'Once they are married, you never see them again'

h ..., willen we die trein tenminste nog halen
want we that train indeed catch
'if indeed we want to catch that train'

i ... Begint-ie zomaar ineens te huilen
starts he just suddenly to cry
'And out of the blue, he starts to cry'

j ... Zegt een man tegen zijn vrouw ...
Says a man to his wife (first line of joke)

k Zal díe even opkijken!
will that one (Particle) be surprised
'He/she really will be surprised!'

l Blíjft toch het probleem van de energievoorziening
remains (Part.)the problem of the energy supply
'However, the problem of energy supply is still there'

There are several types, shading off into one another. Roughly, we encounter clauses classifiable as questions (a), wishes (b, c), suggestions/exhortations (d, e, a), commands with the subject lacking (f) and conditionals (g, h). Examples (i) through (k) have a flavour of something unexpected, strange or remarkable that is expressed ("just fancy!"). Example (l) has a didactic tinge: it presses the point rather forcefully.

From such descriptions, one could say that all types involve some special affect on the part of the speaker. On the other hand, for a hearer all examples have the character of a kind of appeal: an appeal for realising some state of affairs (a, g, h, j, k), for sharing feelings with the speaker (b, c, i) or for complying with his wishes (d, e, f, l). We observe, furthermore, that this word order effect is added as an extra to the meaning complex formed out of the meanings of the clause parts.

This word order category then seems to deictically embody a specific cue as to the bearing of the meaning complex on the momentary body of knowledge and experience in the speech situation - in fact, all word order categories seem to be deictic markings (compare Waugh 1977: 101). In the cases at issue, the meaning unit presents the speaker with a certain amount of tension; there is the assessment of some suspected or real discrepancy between this meaning unit and the things one momentarily knows and experiences. And because the marking is in itself indifferent as to whether the tension exists in the speaker's own or in other people's idea of reality, it is appropriate for the whole range of types we came across: from uncertain states of affairs via wished-for or necessary connections to unexpected or not completely evident ones (examples (2a)-(2l)).

Of course, the non-marking character of verb-second clauses always makes for the possibility to express oneself neutrally, even if some such tension arguably is present and a verb-first pattern could have been chosen. This accounts for the overlap in use of the patterns, but it does not take away from the unitary meaning of a first position of the finite verb as a grammatical marking.

5. Verb-final clauses

Turning now to the pattern with the finite verb placed in final position, we are confronted with the clauses commonly called 'subordinate'. It is not usually considered that this position of the finite verb could be significant in itself. Rather, the position is often thought to be dependent on the presence of one of a class of 'subordinating' clause-introducing elements. However, I will argue that a clause-final position of the verb does constitute independently the mark of a constant and again deictic meaning that is common to all its uses. To start, let us have some examples.

(3) a (Ik weet niet) wie je dan bedoelt
I know not who you (Particle) mean
'I don't know who you have in mind'

b (Ze vragen) hoe we hier gekomen zijn
they ask ho we here come have
'They're asking how we got here'

c (een poes) die ik nooit eerder heb gezien
a cat that I never before have seen
'a cat I never saw before'

d Toen hij op de fiets stapte, barstte het onweer los
when he on the bike mounted burst the storm
'When he got on his bike, the storm burst'

e Dat alles ook zo verschrikkelijk duur is!
that everything so terribly expensive is
'Everything is so terribly expensive ... (hopeless)'

f (Het ging niet) omdat het al donker was
it went not because it already dark was
'We couldn't do it because it was already dark'

g Hoe langer je wacht, hoe moeilijker het wordt
how much longer you wait how much more difficult it becomes
'The longer you wait, the more difficult it will get'

We observe that a verb-final clause is indeed always introduced by some pronoun (a, c), adverb (b, g) or conjunction (d, e, f). As to the pronouns and adverbs involved, however, none is in any way specially related to verb-final clauses. Therefore, if the verb-final clauses in question can be said to have some specific semantic character, then this must be attributed to the special position of the finite verb. It is certainly true that many of the conjunctions only occur with verb-final clauses. However, to be justified in assuming the verb's final position to be a grammatical category marking this special character of the clause generally, we need in fact only show that this interpretation fits in well with the special meaning effect of each of the introducing items. These must then be viewed as marking some further specification. This is indeed plausible, as we will see.

The common core of all cases of verb-final patterns seems to be the fact of some specific and knowable function which is performed by the meaning of the clause as a whole in the body of knowledge and experience; that is, the unit is connected with some other elements of it in a determinate way. The verb's final position does not, however, make known which kind of function the unit is performing, which kind of

<u>cognitive unit</u> it is. The introducing elements now signify precisely this: they indicate that the unit represents some entity (a, c), or for example a manner, point of time, circumstance, reason or extent (b, d, e, f, g respectively).

Now the question arises which other elements of knowledge the clause in its specific function relates to - but this cannot possibly be inferred from the clause itself. From the examples, we see that the interpretation unit corresponding to the clause may be tied up with the interpretation of intonationally connected linguistic material, acquiring then what is commonly called a 'subordinate' role. But it may also relate to elements of knowledge that are not present linguistically, as example (3e) shows. Clearly, it is the verb-final marking itself that is responsible for the constitution of a specific role of the clause in relation to unspecified elements of knowledge.

Interestingly then, the 'subordinacy' of verb-final clauses - proposed as their meaning by both Merckens and Kirsner (l.c.) - must be something within the 'order' of knowledge and experience in the speech situation. This finds, furthermore, striking confirmation in 'correlative' clauses like the ones in (3g), where there is some reluctance to call the second clause really subordinate. But we do not have to attribute the verb-final pattern of the second clause to analogy only: the second clause, too, can reasonably be seen as a unit bearing on other elements of knowledge, because the variation of extent it indicates in fact bears on the variation of extent indicated by the first clause. The correlative character lies indeed in the fact of the two units bearing on each other, that is, two units in 'mutual subordinacy', as it is brought out by the use of two verb-final markings particularly clearly.

6. Results

As to the position of the Dutch finite verb, the range of form possibilities thus turns out to comprise both 'markings' and 'non-markings' (cf. for the general idea Jakobson 1932, 1936). Only if the Dutch finite verb is placed clauseinitially or clause-finally does its position constitute a grammatical marking, a grammatical category. A finite verb in first position marks that the interpretation unit of the clause constitutes a source of tension for the body of knowledge and experience existing in the speech situation. A finite verb in final position indicates only that the integrated interpretation of the clause functions as a unit of some specific and knowable cognitive kind in the momentary body of knowledge of the speech moment. In the latter case, the nature of the function is itself not grammatically given, here it is not some specific function that has been grammaticalized.

The verb-first and verb-final word order categories have been shown to be deictic markings: they indicate something about the way certain meanings bear on the body of knowledge existing in the speech situation, their implantation. Furthermore, for both categories the meaning involved in this implantation is the integrated interpretation unit corresponding to the clause at issue. The formation of such an interpretation unit is thus made into a necessity; the verb-final sign even seems to indicate not much more than just this. This could be taken to imply that speakers and hearers form such an interpretation unit for a clause only when forced by the fact of some specific external function they want for it or know it to have. In other words: only because of some external functioning does such a unit come to be constituted.

So, the lack of a recognisable identity of verb-second clauses specifically lies in their having as such no indicated status and role in the momentary body of knowledge existing in the speech situation. Therefore, it is itself not interpreted at all, and because of this a second position of the Dutch finite verb does not interfere with any lexical or grammatical marking whatsoever. Not constituting a grammatical category, the second position is the truly 'neutral' position of the Dutch finite verb. And of course, this is the only role of non-marking aspects of form: they enable other, specifically marking elements to freely perform their functions, whatever they are.

Bibliography

Groot, A.W. de, Structurele syntaxis. 2nd ed., Den Haag 1965.

Jakobson, R., Zur Struktur des russischen Verbums. In: Charisteria V. Mathesio oblata. Prague 1932, 74-83.

Jakobson, R., Beitrag zur allgemeinen Kasuslehre. Gesamtbedeutungen der russischen Kasus. In: Travaux du Cercle Linguistique de Prague 6/1936, 240-288.

Kirsner, R.S., The problem of presentative sentences in modern Dutch. Amsterdam, 1979. North-Holland Linguistic Series 43.

Merckens, P.J., De plaats van de persoonsvorm: een verwaarloosd code-teken. In: De Nieuwe Taalgids 53/1960, 248-254.

Waugh, L.R., A semantic analysis of word order: position of the adjective in French. Leiden, 1977. Cornell Linguistic Contributions 1.

LE SYSTEME DES ARTICLES FRANÇAIS VU DEPUIS LA BAVIERE

Karl-Hermann Körner, Braunschweig

0. Un concept phonologique qui a fait ses preuves au-delà de la phonologie est celui de la neutralisation (et, avec lui, une série de notions indispensables pour la description d'une neutralisation: archiphonème, opposition neutralisable, pertinence, commutation etc.).

Une des neutralisations grammaticales est celle de l'opposition masculin/féminin dans le contexte pluriel: elle se trouve dans le système des articles français comme dans celui des articles allemands, où elle inclut en plus l'annulation du genre neutre. Comme toute neutralisation, elle est d'intérêt universel et confirme les "universaux" 36 et 37 de Greenberg (1966: 95).

1. D'après Weinrich 1974 et 1976, le système des articles français serait structuré par deux autres neutralisations, dont l'une[1] peut expliquer le phénomène de l'article dit "partitif":

> Wir fassen daher die Form du (de la, de l'), den sogenannten Teilungsartikel im Singular, als Neutralisierung der Numerus-Information im Bereich des unbestimmten Artikels auf. Das besagt, daß die französische Sprache einen unbestimmten Artikel im Singular hat (un, une), einen unbestimmten im Plural (des) und einen unbestimmten Artikel mit neutralisierter Numerus-Opposition (du, de la, de l'). (Weinrich 1976: 183).

En d'autres termes: La catégorie du nombre est neutralisée par l'élément indéfini, l'élément indéfini n'admet pas de distinction singulier/pluriel et ce refus serait représenté par l'article dit "partitif au singulier". L'article des ne serait jamais rien d'autre que l'indéfini au pluriel.

1.1. Cette théorie nous paraît incontestable en ce qui concerne l'absence d'une distinction très nette entre singulier et pluriel dans les substantifs précédés par l'article dit partitif. Mais elle n'est pas tout à fait satisfaisante en ce qui concerne la position de du (de la, de l') dans le système des articles. Signalons les faits suivants auxquels elle se heurte:

Une neutralisation est toujours un fait d'économie - mais il n'est pas économique d'indiquer par une forme spéciale (du, de la, de l') l'économie sémantique consistant dans l'annulation de la différence à l'indéfini entre singulier et pluriel.

Il est vrai que les adjectifs substantivés par l'article partitif dans des cas comme le célèbre "Du mécanique plaqué sur du vivant" (le seul exemple cité par Weinrich 1976: 183) ou dans des cas moins surprenants avec des adjectifs à sens plus général (Il y avait du vrai dans l'article, L'ennui avait du bon) peuvent être considerés comme des "singuliers sans pluriel". Mais il est également vrai que l'article des peut accompagner des "pluriels sans singulier" (Manger des rillettes, Prends encore des épinards)[2] et l'originalité de du, de la, de l', à l'égard de des ne doit pas être cherchée dans un phénomène qui se retrouve dans la combinaison des substantifs avec des.

En plus, l'annulation de l'opposition singulier/pluriel existe également dans des cas où le substantif n'est pas précédé de la forme dite "article partitif singulier" (ni de des): "aussi peut-on parler d'une neutralisation de l'opposition singulier/pluriel, par exemple dans l'élément bataille du synthème champ de bataille et dans le cheval de gendarmerie à cheval, où il n'est pas question qu'il n'y ait eu, d'une part, plus d'une bataille et, d'autre part, un seul cheval, et où pourtant la forme est celle du singulier dans les deux cas" (Martinet 1975: 77).

2. Dans ce qui suit, nous proposons une autre application des notions d'origine phonologique au système des articles français. Comme l'application du concept de neutralisation, la nôtre a pour but de dévoiler le binarisme qui est caché par ce qui semble une asymétrie: au groupe binaire le : les s'oppose une série de trois formes: un, du et des.

Après avoir présenté notre point de vue, nous recourrons à une observation qu'on n'a pas encore prise en considération dans les nombreuses études des articles français et qu'on ne peut pas faire en se limitant strictement aux données françaises.

2.1. Nous partons de l'hypothèse que l'article des n'est pas ambigu[3]: Il n'occupe pas deux places distinctes dans le système des articles comme certains grammairiens traditionnels le font croire - en laissant tout de même entrevoir que le sentiment linguistique[4] du sujet parlant ne connaît pas le problème des grammairiens:

> Quand des s'oppose franchement à un, (...), il est clair qu'il est le remplaçant de ce uns qui servait primitivement de pluriel à l'indéfini, et donc qu'il est l'article indéfini. Correspond-il plutôt au singulier du, de la, il s'avère alors le pluriel du partitif. Mais quand il resterait un doute sur sa nature, sa valeur du moins n'est nullement douteuse. Manger des raisins peut être la transposition au pluriel de: manger un raisin, ou de: manger du raisin: au fond, la chose est indifférente (Le Bidois 1971, I, § 138).[5]

2.2. En ce qui concerne du et un, il suffit de reprendre l'idée selon laquelle "l'article partitif n'est autre chose, pour le sens, qu'un article indéfini placé devant le nom des objets qui ne peuvent se compter"[6] et de la préciser en termes de structuralisme phonologique: La relation entre la forme un (une) et la forme du (de la, de l') est celle entre deux "variantes combinatoires" d'un seul monème qui s'oppose au monème des (qui n'a pas besoin de cette variation). Comme dans le cas des variantes combinatoires en phonologie, l'épreuve de commutation montre les limites de l'interchangeabilité entre un (une) et du (de la, de l') et met en évidence qu'une telle limitation n'existe pas au même degré pour un/le ou pour du/le:

(1a) Le garçon apporte de l'eau
(1b) +Le garçon apporte une eau

(2a) Maurice a acheté une table de thé
(2b) +Maurice a acheté de la table de thé

(3a) Le garçon apporte l'eau[7]
(3b) Il verse l'eau dans les verres

(4) Maurice a acheté la table de thé

L'article du (de la, de l') et l'article un (une) se trouvent en "distribution complémentaire". On peut se servir d'une autre notion fondamentale du structuralisme phonologique et dire que le locuteur français n'a pas les mêmes possibilités de c h o i x[8] entre du et un qu'entre le et du ou entre le et un: le choix entre le et du ou entre le et un (ou entre les et des) est un choix d'ordre syntaxique, le choix entre du et un est un choix entravé par le sens lexical du substantif qui suit l'article et par conséquent un choix d'ordre morphologique. Comme on peut prévoir le résultat de ce deuxième choix en connaissant le substantif (pomme n'aura pas l'article de la), un résultat non prévu entraîne une certaine hésitation à l'acte de compréhension et par là un phénomène de style. Cette utilisation stylistique a toujours été enregistrée par les grammaires. Reproduisons l'exemple donné par la Grammaire Larousse du français contemporain (1964: 220):

> Sous la grâce même de sa galanterie, Mouret laissait ainsi passer la brutalité d'un juif vendant *de la* femme (Zola).

La surprise stylistique ne peut avoir lieu là où le sujet parlant prévoit les deux traits de "comptable" et de "non comptable", liés différemment à d'autres traits distinctifs ("sèmes"), comme dans le cas de *(un) fer*$_1$ - *(du) fer*$_2$. Il se peut que le phénomène d'homonymie soit moins net, comme dans les cas "Le garçon apporte *une* bière$_1$ / Le garçon apporte *de la* bière$_2$" ou "*Un* beurre$_1$ des Charentes / Il y a *du* beurre$_2$ sur la table", mais la possibilité de "chercher" une homonymie telle que celle citée dans "vendre *de la femme*$_2$" ou dans "Il y a *du Montaigne*$_2$ en chacun de nous" nous fait supposer l'intégration des traits "comptable" et "non-comptable" dans le sémantisme des unités lexicales françaises de telle sorte que ce sont elles qui comportent le résultat du choix entre *du* (*de la*, *de l'*) et *un* (*une*). Le fait qu'on ait pu formuler des règles comme la suivante confirme notre interprétation:

> Pour l'accord, il est à remarquer qu'on ne dirait pas: *C'est de la bonne George Sand*, (pour dire: c'est à la façon de, etc.); mais plutôt: *C'est du bon* (ou mieux *de bon*) *George Sand*, car bien qu'il s'agisse d'une femme, le nom, ici, est pensé d'une façon qui exclut toute idée de sexe, et donc de genre. (Le Bidois 1971, I, § 141)

3. Nous avons distingué entre un véritable choix appartenant au domaine de la syntaxe et une simple alternance appartenant au domaine de la morphologie[9].

Une telle séparation entre syntaxe et morphologie en analyse linguistique a l'avantage de montrer le caractère universel de certains phénomènes structuraux. Dans notre cas, la non-pertinence de la différence entre la forme dite "partitive" et la forme dite "indéfinie" se retrouve confirmée sur le plan formel en bavarois: Dans ce dialecte, la forme française dite "indéfinie" et la forme dite "partitive" sont reproduites par une seule forme (celle qui correspond à l'article indéfini de l'allemand standard). Ainsi, au de la dans donne de la lumière correspond en allemand l'absence d'article (mach Licht), mais en bavarois l'article ein: mach a Liachd (Merkle 1975: 91).

Au de l'argent (Est-ce que tu as de l'argent?) français correspond ein Geld (håsd a Gäid?, Merkle 1975: 91) en Bavière; à la phrase allemande gib mir Tee correspond en bavarois gib mar an Tea qui contient le syntagme qui serait en français du thé, au du café (ils prenaient du café) correspond ein Kaffee en bavarois (b Muadda kochd an Kaffää, Merkle 1975: 91) mais l'absence d'article en allemand (Mutter kocht Kaffee, Merkle 1975: 91).

Faisons remarquer que cet article bavarois précède de la même façon les substantifs qui correspondent à ceux souvent cités à part par les grammairiens du partitif français pour leur caractère "abstrait"[10]: Du calme apparait en bavarois comme Giw a Ruah (Merkle 1975: 91), et Est-ce que tu as aussi cherché du travail? donnerait Håsd dar aar an Arwad gsuachd? (Merkle 1975: 33); Avoir de la chance serait ein Glück haben (bavarois Då håsd a Gligg kabbd = allemand Da hast du Glück gehabt, Merkle 1975: 91).

Ce phénomène dialectal est bien documenté. On le trouve également en Bohême, c'est-à-dire dans la région qui est probablement le berceau géographique du dialecte dit bavarois et les exemples les plus anciens qu'on ait pu réunir remontent au 17e siècle: "Hastu aber ein gelt bey dir?" (1618, cité par Schiepek 1899: § 40, 360, n.1).

4. Ajoutons quelques exemples à ceux cités précédemment, où l'article d é f i n i bavarois correspond à l'article zéro de l'allemand standard ("seit dem Dienstag", "das Bier wird gern getrunken", "ein Diener vom König Ludwig", "bei da Nåchdd", "Da Hiddla håds ållawei gsågd") sans correspondre au "partitif" français et signalons que le substantif bavarois n'apparaît que très rarement sans article: "Das Hauptwort ist nicht gerne nackt" dit Lachner 1978: 48.

L'absence d'article zéro et la présence d'un article qui peut se charger de l'expression du partitif constituent une c o r r é l a t i o n[11] qui ne semble pas limitée aux langues française et bavaroise. L'ancien français est là pour confirmer cette vue: La fonctionnalité de son article zéro va de pair avec la non-existence d'une forme dite "partitive".

5. Nous nous sommes limités volontairement à la syntaxe interne du syntagme article + substantif. Mais laissons entrevoir à la fin nos idées concernant le rôle des articles en syntaxe de phrase[12].

En syntaxe de phrase, l'article partitif français s'oppose à l'article défini d'une toute autre manière que l'article indéfini. La rareté d'apparition du syntagme partitif à gauche du verbe, beaucoup plus évidente que celle du syntagme un + substantif[13], et la célèbre règle de cacophonie (qui n'en est pas une), c'est-à-dire l'incompatibilité du syntagme partitif avec certaines prépositions, surtout de, s'expliquent mutuellement: Le complément d'objet dit "direct" en grammaire française l'est un peu moins dans le cas des objets partitifs, et l'article partitif dans sa fonction de relateur de syntagmes s'oppose surtout à l'article dit défini qui nous semble comporter "du sujet", même là où il fait partie de l'objet.

L'absence d'article, en français moderne, doit trouver son explication à un tout autre niveau: Elle fait de moins en moins partie du système des articles français qui sont des déterminants du substantif; elle se limite à accompagner le non-substantif[14]. C'est pourquoi le substantif qui rejoint l'adjectif en fonction prédicative peut être utilisé sans article (Il est fatigué / Il est médecin) et le substantif sans article admettre de ces modificateurs ("avoir très faim") qu'on ne peut pas trouver avec les substantifs précédés par l'article, cet "indice substantival par excellence" (Tesnière 1959: 85).

Notes

1. Pour l'autre des deux neutralisations proposées par Weinrich (1974 et 1976) cf. la note 14 de notre étude.
2. Une liste de "pluriels sans singulier" est donnée par Dubois/Lagane 1973: 52.
3. Dans le système de Weinrich (1974 et 1976) aussi, des n'occupe qu'une seule place - mais à condition qu'il ne soit jamais partitif. C'est autre chose que "l'indifférence" sentie par le locuteur à l'égard d'une opposition théorique du type "pluriel à l'indéfini: pluriel du partitif".
4. Sentiment linguistique: cf. la fin de la note suivante.
5. Pour l'évolution historique des idées des grammairiens concernant le système des articles, on peut consulter Chervel 1977: 38, 227-240. Le clivage entre la doctrine grammaticale et le

sentiment linguistique apparaît nettement à partir de 1890 et subsiste de nos jours: "Désormais, la grammaire connaîtra deux mots un, deux mots du, deux mots des, aussi nettement distingués que le son du canon et le son du blé: des homonymes pour ainsi dire. Et ce, malgré le sentiment linguistique qui y voit bien, chaque fois, un seul et même mot dans des emplois distincts." (Chervel 1977: 240).

6. Évidemment, il faut supprimer tout le reste de la définition de Grevisse 1964: § 326 qui constitue une contradiction à la première partie citée par nous.

7. Nous avons ajouté la phrase 3a à la série d'exemples empruntés à Winkelmann 1978: 30, 66. Nous ne suivons pas cet auteur là où il substitue une recherche purement lexicale à l'analyse du système grammatical. Précisons tout de même que la paire 2a / 4 (ou la paire 1a / 3a, si 3a était acceptable) n'est pas plus intéressante que la paire 1a / 3b : Du point de vue de la "syntaxe de phrase" (cf. chap. 5 de notre étude) la différence de contexte (y compris la rection du verbe) est encore plus grande entre 1a et 3a (ou entre 2a et 4) qu'entre 1a et 3b et il ne faut pas identifier cette différence aux données qui déterminent la syntaxe interne du syntagme article + substantif. C'est à l'intérieur de cette syntaxe interne qu'il faut résoudre d'abord le problème de la triade formelle un, du, des.

8. Pour l'importance de cette notion en linguistique fonctionnelle, cf. bon nombre de publications d'André Martinet, mais surtout Martinet 1966.

9. "La syntaxe étudie, bien entendu, tous les rapports, qu'ils soient de détermination (par exemple, rapport du monème de pluriel au substantif) ou de coordination, qu'ils s'établissent entre des 'mots' différents ou des éléments d'un même 'mot'. La morphologie doit être conçue comme l'examen des variations formelles des signifiants de monèmes (...) toutes variations qui sont non pertinentes, c'est-à-dire ne faisant pas l'objet d'un choix du locuteur." (Martinet b 1975: 144).

10. cf. par exemple Le Bidois 1971: I § 140.

11. Pour le sens de ce terme et son application dans une linguistique qui se veut structurale et générale, nous renvoyons à Körner 1982.

12. C'est le mérite de Heinz 1973: 46 d'avoir refusé le mélange entre deux types d'analyse en matière d'articles français: l'analyse qui vise à la syntaxe de phrase ("Beziehungen zwischen Argumenten einer Aussage, in strukturalistischer Terminologie syntagmatische Beziehungen") et l'analyse qui vise à la relation interne entre l'article et le substantif qui le suit.

13. cf. Körner 1981.

14. Cette interprétation de l'absence d'article s'oppose à celle de Weinrich (1974 ou 1976) qui voit en français un article zéro (comme il existe en allemand) : Ce "morphème" ferait partie du système des articles français en représentant la neutralisation de l'opposition "défini / indéfini".

Bibliographie

Chervel A., Et il fallut apprendre à écrire à tous les petits français. Histoire de la grammaire scolaire. Paris, 1977.

Chevalier J.-C. et alii, Grammaire Larousse du français contemporain. Paris, 1964.

Dubois J. / Lagane R., La nouvelle grammaire du français. Paris, 1973.

Greenberg J. H., Some Universals of Grammar with Particular Reference to the Order of Meaningful Elements. Dans: Greenberg J. H. (éd.), Universals of Language. Cambridge, 1966.

Grevisse M., Le bon usage. Gembloux, 1964.

Heinz S., In Frage gestellt: der Teilungsartikel. Dans: Zeitschrift für französische Sprache und Literatur, 83/1973, 46-51.

Körner K.-H., Einführung in das semantische Studium des Französischen. Darmstadt, 1977.

Körner K.-H., 'Teilungsartikel' im Französischen und 'präpositionaler Akkusativ' im Spanischen: komplementäre Lösungen des gleichen syntaktischen Problems. Dans: Kohrt M./ Lenerz J. (éds.), Sprache: Formen und Strukturen. Akten des 15. Linguistischen Kolloquiums Münster 1980. Tübingen, 1981, 151-160.

Körner K.-H., Deutsch für Inländer: Zur Korrelation von 'er war (den Brief) am Schreiben' mit 'was ich noch gesagt haben wollte'. Dans: Detering K. et alii (éds.), Sprache beschreiben und erklären. Akten des 16. Linguistischen Kolloquiums Kiel 1981. Tübingen, 1982, 147-156.

Lachner J., 999 Worte Bayrisch. München, 1978.

Le Bidois G./Le Bidois R., Syntaxe du français moderne I. Paris, 1971.

Martinet A., Les choix du locuteur. Dans: Revue philosophique, CLVI/1966, 271-282.

Martinet A., a) Neutralisation et syncrétisme. Dans: Martinet A., Studies in Functional Syntax. München, 1975, 62-81.

Martinet A., b) La syntaxe fonctionnelle. Dans: Martinet A., Studies in Functional Syntax. München, 1975, 142-144.

Merkle L., Bairische Grammatik. München, 1975.

Schiepek J., Der Satzbau der Egerländer Mundart. I. Teil. Prag, 1899.

Tesnière L., Éléments de syntaxe structurale. Paris, 1959.

Weinrich H., Textsyntax des französischen Artikels. Dans: Kallmeyer W. et alii (éds.), Lektürekolleg zur Textlinguistik, Band 2. Frankfurt, 1974, 266-284.

Weinrich H., In Abrede gestellt: der Teilungsartikel in der französischen Sprache. Dans: Weinrich H., Sprache in Texten. Stuttgart, 1976, 177-185.

Winkelmann O., Artikelwahl, Referenz und Textkonstitution in der französischen Sprache. Frankfurt, 1978.

SYNCHRONIE ET DIACHRONIE DANS LES CONSTRUCTIONS EN qui DU LATIN CLASSIQUE

Marius Lavency, Louvain-la-Neuve et Bruxelles

Prolongeant des recherches dont les premiers résultats ont été publiés dans *L'Antiquité Classique*[1], je voudrais présenter ici pour les constructions en *qui* du latin classique, un classement fondé sur des critères syntaxiques et tenter de montrer que le système mis ainsi en évidence dans la synchronie du latin classique garde des traces vivantes de la situation que la grammaire historique et comparative permet de restituer pour l'époque préhistorique.

Rappelons quelques faits reconnus par ailleurs. Le pronom relatif fonctionne comme l'amalgame d'un démarcatif de proposition subordonnée et d'un pronom anaphorique. On peut, pour illustrer ce fait, invoquer notamment l'exemple du grec moderne et du serbo-croate, où le morphème "relatif" a (grec) ou peut avoir (serbo-croate) un signifiant discontinu.

gr. mod.: ὁ γιατρὸς ποὺ τὸν ἔστειλα
'le médecin que j'ai envoyé'
litt.: 'le médecin que (démarcatif invariable) je l'(anaphorique)envoyé'

serbo-croate: čovjek *s kojim* smo došli
'l'homme avec qui nous sommes venus'
(s kojim = 'avec lequel')
čovjek *što* smo došli *s njime*
(même traduction)
(što ... s njime: 'que + avec lui')

On sait aussi que là où la forme du relatif peut encore s'analyser, la grammaire historique reconnaît la séquence formée par un anaphorique et une particule[2]. Le relatif indien (yaḥ) et grec (ὅς) est apparenté à l'anaphorique *-i* représenté en latin par *is*.

Relatif et interrogatif ont partie liée. On sait que le relatif *iže* du vieux-slave a pu être tardivement concurrencé et même remplacé dans sa fonction par la forme de l'interrogatif *kyi*.

En latin, la contamination formelle entre relatif et interrogatif est très large, mais on peut restituer aisément les paradigmes initiaux: le thème _*kṷo-_ sert pour le relatif, le thème _*kṷi-_, pour l'interrogatif. Nous ne nous attarderons pas ici à examiner les thèses des comparatistes qui, postulant l'antériorité de l'interrogatif-indéfini sur le relatif, cherchent à restituer l'évolution préhistorique. Retenons surtout que le thème _*kṷo-_ a formellement partie liée au démonstratif. La forme classique du nominatif singulier, _qui_, est issue de _quei_, lui-même issu de _quoi_, forme où l'on reconnaît l'élément déictique _-i_ présent, par exemple, en grec: οὑτοσ-ί. Le "relatif" _qui_ est lié au déictique.

Analysons maintenant une série de propositions en _qui_ imitées d'auteurs anciens[3] et manifestant les diverses particularités que les grammariens reconnaissent aux propositions en _qui_ du latin classique.

(1) Fortunatus est Gaius. Qui margaritam inuenit.
'Gaius est favorisé du sort. Il a trouvé une perle.'

(2) Fortunatus est puer (homo, ∅) qui margaritam inuenit.
'L'enfant (la personne, celui) qui a trouvé une perle est favorisé du sort.'

(3) Fortunatus habetur puer (homo, ∅) qui margaritam inuenerit.
'On tient pour favorisé du sort l'enfant (= un enfant)(une personne, ∅) qui a trouvé une perle.'

(4) Gaius is est qui margaritam inuenit.
'Gaius est celui qui a trouvé une perle.'

(5) Gaius is est qui margaritam inuenerit.
'Gaius est homme à avoir trouvé une perle.'

(6) Fortunatus est Gaius, qui margaritam inuenerit.
'Gaius est favorisé du sort, lui qui a trouvé une perle.'

(7) Fortunatus est Gaius, qui margaritam inuenit, et eum omnes laudant.
'Gaius, qui a trouvé une perle, est favorisé du sort et tout le monde fait son éloge.'

Il faut bien avouer que le classement proposé traditionnellement[4] dans les manuels est peu adéquat. On distingue ainsi des relatives dites "à nuance logique" (3,6, mais non 7) d'autres relatives, souvent dites "simples". Sans entrer ici dans le détail de la critique de cette théorie, il faut bien dire que le classement proposé est fondé sur l'analyse logique des contextes et qu'on y confond indûment valeurs logiques et valeurs syntaxiques. Certes, en 6, la "nuance" que notre "bon sens" permet d'induire est la "cause". Mais pourquoi poser cette nuance en 6 et non en 7 ? En 6, dira-t-on, la proposition en qui pourrait être remplacée par une proposition en quod, cum, conjonctions "causales": mais ceci implique que les tournures en question se trouvent dans le même paradigme syntaxique, ce qui n'autorise pas à poser entre ces constructions une équivalence sémantique. On sait que dans l'explication traditionnelle, l'opposition modale indicatif (1,2,4,7) - subjonctif (3,5,6) ne coïncide pas rigoureusement avec l'opposition "relative simple" - "relative à nuance".

L'opposition entre "relatives définissantes" et "relatives non-définissantes", connue de tant de logiciens et de linguistes, perceptible en latin comme ailleurs (2,3,4,5 peuvent passer pour "définissantes"), n'a pas eu en grammaire latine de succès. Dans un ouvrage récent[5], Chr. Touratier a tenté de classer les relatives latines selon ces critères. Au terme de son brillant exposé, M. Touratier ne peut, me semble-t-il, pas justifier dans les classes qu'il reconnaît les distinctions que la grammaire scolaire posait. Les relatives 2,3,4,5 sont définissantes, mais quelle différence sépare 2 de 3, 3 de 6, etc. ?

Un classement fondé sur des critères syntaxiques permet, à mon avis, de mieux rendre compte des faits. La tradition avait d'ailleurs senti, mais non exploité cette veine : elle se contentait de qualifier les "relatives" d'Adjektivsätze.

Nos relatives 2 et 3 ont ceci de commun et de spécifique qu'elles "définissent" l'antécédent : on peut même dire que 2 définit en extension tandis que 3 définit en compréhension. Si c'est bien là ce que reconnaît le latiniste, c'est que la relative 2 fonctionne comme un adjectif déterminatif épithète : commutable avec hic 'ce', cette relative joue comme lui le rôle "restrictif", "déterminatif" typique de cette classe de mots dans cette fonction. Si la relative 3 définit l'antécédent en compréhension en indiquant à quelle sorte de personne on a affaire, c'est que cette relative (marquée du subjonctif) joue à l'égard de l'antécédent le rôle dévolu à l'adjectif qualificatif épithète.

Les relatives 4 et 5 sont à mettre en parallèle avec 2 et 3. On y reconnaît des relatives attributs : attribut déterminatif en 4, attribut qualificatif en 5. La relative 4 commute avec hic et dit de quel homme il s'agit. La relative 5, avec verbe obligatoirement au subjonctif, commute avec un adjectif qualificatif (et même avec ita) et dit de quelle sorte d'homme il s'agit.

La relative 6 a ceci de spécifique qu'elle est commutable avec une proposition conjonctionnelle, par exemple cum+ subjonctif. Elle ne peut "définir" son antécédent, qui doit toujours être défini d'avance. Ces valeurs, la relative en 6 les doit à sa fonction d'épithète détachée", fonction que l'on reconnaît à l'adjectif qualificatif français malade dans la phrase Malade, il n'a pas assisté à la réunion. Comme lui, la relative "épithète détachée" peut selon les contextes dénoter divers effets de sens (cause, opposition,etc.). Ces effets de sens ne pourront jamais être induits dans le cas des relatives 2,3,4,5 : la fonction de ces relatives l'interdit. Par contre, 3,5, et 6 (où la tradition croit pouvoir reconnaître des "nuances logiques") ont comme trait commun la commutabilité avec un adjectif qualificatif (épithète en 3; attribut en 4; épithète détachée en 6): leur mode est obligatoirement le subjonctif.

La proposition en qui de 1 a ceci de spécifique qu'elle n'est pas subordonnée. Elle présuppose une ponctuation forte : qui commute avec l'ensemble pause + is. Dans la mesure où l'on définit fonctionnellement la proposition relative comme une proposition subordonnée `a un nom, il paraît malaisé de parler de "relatif" (voire de "faux relatif") en 1.

La tradition avait raison de séparer les propositions du type 1 des autres. Le titre de Relativischer Anschluss était pourtant peu heureux : pourquoi ne parler de "qui de coordination" ?

La relative 7 a un intérêt particulier. On supposera qu'elle ne signifie pas "le Gaius qui a trouvé une perle par opposition à tout autre Gaius" : si c'était le cas, Gaius serait commutable avec is Gaius. Optons pour la signification la plus obvie, celle où la relative n'est pas définissante, c'est-à-dire épithète déterminative. La proposition en qui de 7 est subordonnée : la suppression de qui entraine celle de tout l'ensemble qui ... inuenit, ce qui n'était pas le cas en 1. Constatons qu'une relative de type 7 peut - elle seule le peut - remplacer dans sa fonction son antécédent : Gaius peut être remplacé dans sa fonction de sujet par l'ensemble qui ... inuenit. Qui inuenit est ainsi l'équivalent syntaxique (et sémantique) de is homo qui ... inuenit. (quod = ea res quae). On a ainsi des raisons de parler en 7 de relative "apposée" et, le verbe se trouvant normalement à l'indicatif, j'ai parlé de "relative apposée déterminative".

Il importe de remarquer qu'en 7, - des exemples ne manquent pas dans les auteurs - qui commute avec l'ensemble pause + is. Ce caractère rapproche la "relative" 7 de la proposition en qui en 1. Certes, le statut syntaxique des propositions est tout autre, mais si l'on veut tenir compte de cette aptitude spécifique de la "subordonnée relative" en 7, on est en droit de classer cette proposition à part, disons comme "proposition relative incise".

La double analyse qu'autorise la proposition 7, le classement syntaxique proposé pour les propositions en qui mettent, me semble-t-il, en évidence un fait intéressant.

Qui est en latin classique toujours un démarcatif : sa place est fixée en début de proposition. Il fonctionne tantôt comme subordonnant (2 à 7). En fonction de subordonnant, il introduit une proposition "adjective", qui remplit effectivement les fonctions d'épithète, épithète détachée et attribut dévolues à l'adjectif et comme ce dernier, la proposition relative assume une valeur déterminative ou une valeur qualificative.

Tel qu'il se présente à l'issue de l'analyse de type syntaxique que nous avons menée, le morphème qui a cette particularité de garder - en 1, en 7 - une trace vivante de la valeur déictique que la grammaire historique a volontiers reconnu à quoi de la langue archaïque.

Notes

1. L'Antiquité Classique, t.L, 1981, pp. 445-468.
2. got.: sa-ei, sō-ei, þat-ei (anaphorique : sa, so, þata
   vieux-slave : i-že, je-že, ja-že (anaphorique avec thème en *-i.
3. Pour les textes latins d'auteurs, voir l'article cité sub 1.
4. La théorie reçue en "grammaire latine" remonte à R. Kühner - C.Stegmann , Ausführliche Grammatik der lateinischen Sprache, Hannovre, 1912-1914.
5. Chr.Touratier , La relative, essai de théorie syntaxique, Paris, 1980, 568 pp.

L'ORDRE COMPLÉMENT - SUJET - VERBE EN FRANÇAIS

Franz Rainer, Salzbourg

1. Notes préliminaires

Il est bien connu que les Cs[1], dans le français standard moderne, se placent après le V et que, si on les met avant le V, ils doivent être repris au moyen d'un pronom (cf. Grevisse, §§ 197 et 198,3). Or, au début des années 30, certains linguistes se rendirent compte de ce qu'il arrive que cette règle capitale de la syntaxe française soit enfreinte dans le langage populaire où le C est susceptible de précéder le S et le V sans être repris par un pronom. MM. Blinkenberg, Spitzer et Lerch furent les premiers, que je sache, à dédier quelques lignes à ce phénomène, somme toute, plutôt marginal.

Malgré les contributions plus récentes, dont quelques-unes fort pertinentes, le phénomène en question reste toujours mal documenté - et mal compris. Si j'y reviens en ce lieu, c'est donc avec un double propos: d'un côté, je suis en mesure d'enrichir la documentation, toujours assez maigre. J'ai dépouillé onze romans argotiques (dont sept de Boudard, deux de Céline et un respectivement de Simonin et de Duneton), ce qui m'a fourni un corpus de 170 exemples du type B (cf. pour ce terme le § 2.). De l'autre côté, je vais montrer qu'il existe (notamment chez M.Cohen et M.Pohl[2]) une certaine confusion à propos de l'antéposition du C sans reprise pronominale et qu'il est nécessaire d'en distinguer DEUX types. Après avoir étayé cette distinction à l'aide de plusieurs critères j'étudierai encore un peu plus à fond le type B.

2. Les deux types d'antéposition

Voici d'abord six exemples qui présentent tous la structure C-S-V et que j'emprunte aux articles de M.Cohen et de M.Pohl:

(1) Kronenbourg, je n'ai pas

(2) ça je connais

(3) l'eau de toilette j'adore

(4) une GRANDE[3] enveloppe, je voudrais

(5) l'autobus elle a pris

(6) trois tasses tu as eu[4]

Ni M.Cohen ni M.Pohl ne semble avoir vu la différence fondamentale qui sépare les exemples (1) à (3) des exemples (4) à (6) puisqu'ils les citent pêle-mêle. Et pourtant, la différence est nette. Je vais montrer que les exemples (1) à (3) (que je nommerai dorénavant "le type A") se distinguent des exemples (4) à (6) (que je nommerai "le type B") à propos d'au moins six critères. À savoir:

2.1. L'intonation

La différence prosodique entre les types A et B fut déjà relevée par M.Gaatone dans la brève discussion qui suivit la conférence de M.Pohl au XIIIe Congrès International de Linguistique et de Philologie Romanes où il fit noter à ce dernier que "l'intonation de mon foie, connais pas (...) est ascendante dans la première partie, ce qui n'est pas le cas pour les pommes de terre, Madame, il me faudrait" (p.514).

À cette analyse s'oppose pourtant celle qu'a effectuée M.Frei à partir des exemples fournis par M.Cohen. Selon M.Frei, les types A et B auraient les contours prosodiques suivants (cf. p.3o1):

(7) Le travail j'aime¯ (A)

(8) L'autobus¯ elle a pris_ (B)

Les analyses de M.Gaatone et de M.Frei s'opposent donc au moins sur un point: l'intonation du C dans le type B est ascendante pour M.Frei, non-ascendante pour M.Gaatone. Étant donné que je ne dispose que de matériaux écrits je ne me vois pas en mesure de trancher la question. Il me paraît pourtant acquis qu'il y a une différence prosodique entre les types A et B même si la vraie nature de cette différence est encore à déterminer par des recherches plus approfondies.

2.2. La structure de l'information

C'est encore M.Gaatone (cf. Pohl, p.514) qui, le premier, a fait noter que dans les constructions du type A le contenu du C est de l'information déjà donnée tandis que dans le cas du type B il est l'élément nouveau.[5] Quoique M.Pohl cite ses exemples hors contexte, il me semble évident que l'exemple (1) Kronenbourg, je n'ai pas est soit la réponse à une question comme Vous avez de la Kronenbourg? soit la réaction à un ordre du type Une Kronenbourg, s'il vous plaît!. Dans les deux cas Kronenbourg, le C de la phrase (1), ne fait que reprendre un élément du discours, autrement dit, il est de l'information déjà donnée. L'information nouvelle de la phrase (1) réside dans la négation. Cela est prouvé d'ailleurs par le fait qu'un simple non aurait suffi comme réponse. Il en va de même, à peu de choses près, pour les exemples (2) et (3). Dans l'exemple suivant emprunté à M.Pohl (p.506) la situation est moins claire:

(9) Je me rappelle très bien le premier pendu
qui s'agite et qui tourne sur lui-même. -
Mais les autres, je ne me souviens pas.

Bien qu'ici le C ne constitue qu'une reprise partielle (le premier pendu ... les autres (pendus)), il est toutefois clair que le groupe S-V possède un "dynamisme communicatif" plus élevé que le C.

Dans le type B, par contre, c'est l'élément nouveau qui vient en tête de phrase, structure baptisée thematic fronting par les tenants de la perspective fonctionnelle de la phrase.[6] On a vu que dans les phrases du type A le C ne fait que reprendre un élément du discours. Pour le type B, le contraire est vrai: c'est le groupe S-V qui a un "dynamisme communicatif" très bas et qui souvent ne fait que reprendre plus ou moins textuellement un élément du discours. Cf. à propos les exemples suivants:

(10) la fumée rabat en panache... des volutes si longues, si immenses que ça couvre tout Londres, l'étendue tous les rebords nord, jusqu'à Big Ben que ça voltige... (PL 483)

(11) Encore une fois j'entre à l'hosto (...) à Landouzy je vais... (H 316)

(12) À celui qui est venu ils ont demandé les papiers; à tous ils les demandaient ce matin (Lanly, p.3o5)

Dans (10) voltiger reprend volutes, dans (11) aller est substitué à entrer, tandis que dans (12) la reprise est quasiment textuelle.

2.3. La négation

Le troisième critère est une conséquence naturelle des différentes structures d'information que présentent les types A et B. Si le type A peut être mis à la forme négative et non pas le type B cela se doit au fait que la négation, information nouvelle par excellence,[7] est incompatible avec le groupe S-V du type B qui justement contient de l'information déjà donnée.

(13) ça je connais

(13 a) ça je connais pas

(14) une GRANDE enveloppe, je voudrais

(14 a) *une GRANDE enveloppe, je (ne) voudrais pas[8]

Pour être tout à fait précis il faudrait dire que le type B est incompatible avec la négation portant sur toute la phrase puisqu'on trouve des phrases où une construction du type B contient un syntagme négatif. Cf.:

(15) Pas un mot elle avait dit (PL 4o7)

2.4. La reprise pronominale

Le type A se distingue aussi du type B par le fait qu'il permet l'insertion d'un pronom reprenant le C sans que pour cela la valeur sémantique de la phrase soit modifiée. Cf.:

(16) Kronenbourg, je n'ai pas

(16 a) Kronenbourg, je n'en ai pas

Ces deux phrases ont exactement la même intonation et la même distribution contextuelle. Cela ne peut pas se dire, par contre, des phrases suivantes:

(17) une GRANDE enveloppe, je voudrais

(17 a) *une GRANDE enveloppe, je la voudrais

(17 b) une grande enveloppe, je la voudrais

Dans (17 b) l'insertion du pronom <u>la</u> est seulement possible si l'on change l'intonation, si on prononce (17 b) avec l'intonation des phrases du type A. Il me semble que cette différence entre les phrases A et B soit encore une fois due à la différente répartition de l'information donnée et de l'information nouvelle.[9]

2.5. L'insertion de QUE

Il semble que dans le type B il est toujours possible d'insérer QUE entre le C et le S, mais pas dans le type A. Cf.:

(18) une GRANDE enveloppe, je voudrais

(18 a) une GRANDE enveloppe, que je voudrais

(19) Kronenbourg, je n'ai pas

(19 a) *Kronenbourg, que je n'ai pas

Dans mon corpus, il se trouve pour presque tous les types de complémentation des exemples avec et sans insertion de QUE - mais uniquement pour le type B. Cf.:

(2o) Architecte il devient! (D)

(2o a) Pharmacien qu'il avait été, rue Gomboust. (M 137)

(21) flagadouille je suis, lessivé (COM 199)

(21 a) Sans un que j'étais (CER 423)

(22) La déprime, ça me fout, ses gambaderies morbides (H 296)

(22 a) Des idées saugrenues qu'ils se font les lardus! (CER 4o5)

Si donc, dans le type B, l'insertion semble être toujours possible, il n'en est pas moins que les différents auteurs se distinguent nettement par l'usage effectif qu'ils en font. Dans Boudard, sur 88 constructions du type B, je n'ai trouvé que sept cas d'insertion de QUE tandis que parmi les 58 exemples de Céline il se trouve non moins de 35 cas d'insertion.[10]

2.6. Le niveau de langue

Outre ces différences prosodique, sémantico-textuelles et syntaxiques, les types A et B se distinguent encore par leur appartenance à deux niveaux de langue différents. Les phrases du type A (Ça je connais; Robert Hossein il adore ... grand talent (CIN 72); Les conseils, il aimait pas (CAVE 132); etc.) appartiennent à la langue familière (et aussi au langage publicitaire). Les phrases du type B, par contre, sont classées "populaires" ou "très populaires" par tous les linguistes qui s'en sont occupés (cf. Le Bidois, p.69; Ruelle, p.318; Lanly, pp.3o4 et 3o6).[11]

3. Remarques sur la syntaxe du type B

Après avoir établi ainsi l'existence de deux types de construction C-S-V, je voudrais maintenant m'arrêter encore un peu sur le type B.

3.1. Quels Cs sont susceptibles d'être antéposés?

Pour répondre à cette question, j'ai analysé mon corpus à l'aide de la classification des Cs fournie par M.Grevisse. Cf. la liste suivante qui contient tous les types de C qui figurent dans mon corpus:

(23) interminable, ça me paraît (COM 266)

(24) un petit peu trop bien sapé quand même pour verser des dry, il me semblait (CAVE 12)

(25) Une vieille guimbarde c'était (B 153)

(26) pire que des casseurs, ils sont (ENF 19)

(27) Six heures dix, il était (CAVE 153)

(28) Dix-huit, qu'elles étaient (CAVE 75)

(29) Gargarof il se blase (ENF 68)

(30) "L'écureuil" qu'ils m'intitulaient (MORT 144)

(31) Des lycéennes il débauchait (CER 255)

(32) à moi que vous racontez ça! (PL 91)

(33) d'une sacrée vedette on nous a gâtés (CER 318)

(34) Juste au dessus des pieds je me trouvais (MORT 83)

(35) À la rue, Max, on les a jetées (CAVE 75)

(36) de tout en bas qu'elle glapit (MORT 282)

(37) jusqu'à Big Ben que ça voltige (PL 483)

(38) Des heures je bouquine (H 237)

(39) comme ça qu'elle causait (MORT 70)

(4o) à tout petits pas il avance (PL 127)

(41) au Dom Pérignon ils s'humectent, les vaches (CIN 173)

(42) À la conquête de leurs droits de femme, il les a lancées (ENF 83)

(43) dix fois il a failli se noyer (MORT 256)

(44) Trois y en avait (MORT 191)

Ce tableau suggère qu'en français populaire TOUS les types de Cs sont susceptibles de figurer dans une construction C-S-V du type B. Quant aux complétives, je n'ai pas trouvé d'exemple, mais je suis d'avis qu'il s'agit là d'une lacune de ma documentation et non pas d'une restriction inhérente à la règle syntaxique qui antépose le C en français populaire.

3.2. S-V-C et C-S-V

Je vais analyser brièvement ici la relation existante entre une construction C-S-V du type B et la construction S-V-C correspondante. Dans 16o exemples de mon corpus il y a un rapport transformationnel[12] bien simple entre les deux types de construction en question, à savoir: C-S-V = S-V-C.[13] Les choses se compliquent un peu avec les Cs à structure interne complexe où il est possible de n'antéposer que la "tête" du syntagme affecté par le mouvement et de laisser le "déterminant" à sa place normale. Cf.:

(45) Toute surprise elle était, Fabienne, de me voir sans voiture (CAVE 158)

(46) Des paroles, j'avais eues, à propos de certains, très définitives (CIN 89)

(47) Le vice il a de faire partir tout le monde (CER 231)

(48) Des pièces ils vous jouent, écrites par le directeur de la troupe (H 49)

Dans tout mon corpus, il ne se trouve qu'un seul exemple qui échappe à cette régularité puisqu'il ne semble pas exister de construction S-V-C correspondante:

(49) Pas un mot elle m'avait dit (PL 4o7)

(49 a) ??elle m'avait dit pas un mot

3.3. Les conditions d'emploi

Si donc, comme on vient de le voir, une construction C-S-V semble toujours avoir une construction correspondante sans C antéposé, il est naturel de se demander si les deux ne sont pas échangeables librement toujours et partout. Déjà une analyse superficielle nous montre qu'on ne peut pas toujours substituer une construction C-S-V à une construction S-V-C, autrement dit, le type B a des conditions d'emploi plus restreintes. Quelles sont ces conditions d'emploi?

On a dit souvent qu'on antépose le C parce que

c'est l'élément qui le premier "occupe l'esprit" (Pohl, p.512). Cela peut être dû à plusieurs causes. Souvent le C a un contenu si fort que le mouvement naturel de la pensée est brisé. Cf.:

(50) Trente ans! Trente ans moi que j'ai attendu! (PL 90)

C'est pourquoi on trouve beaucoup de superlatifs absolus parmi les attributs antéposés:

(51) tout abruti il est (B 156)

(52) schlass à mort il était (H 85)

(53) belles à vous couper le souffle qu'elles étaient, ses pétoires (CAVE 36)

Dans les phrases de ce genre, la construction C-S-V est un moyen d'exprimer à la fois un contenu dénotatif et l'attitude du locuteur: on a affaire à une syntaxe fortement expressive.

Mais ce n'est pas là la seule fonction de l'antéposition du C. On trouve également des constructions C-S-V qui n'impliquent qu'un degré d'expressivité assez bas et qui ne semblent dues qu'au fait que l'idée exprimée par le C se présente si subitement que le locuteur n'a pas le temps de bien organiser sa phrase. Dans ces cas-là, la construction C-S-V devient un simple moyen de rattrapage.

Notes:

1. Dorénavant, j'emploierai les abréviations suivantes: C pour complément, S pour sujet, et V pour verbe.
2. Le traitement de l'antéposition dans l'article de M.Lorian est tout aussi confus, bien que sur un autre plan. Cf. p.179, où l'on voit se côtoyer des cas d'antéposition aussi différents que: A lui, je pense; à cela, j'y ai réflechi; et Sur ces paroles, nous nous séparâmes.
3. GRANDE est déjà écrit avec majuscules dans l'article de M.Pohl; pour nous, les majuscules symbolisent ici l'intonation caractéristique du type B.

4. Sur la question de l'accord dans les constructions C-S-V cf. Pohl, p.5o8. Dans mon corpus, il ne se trouve que deux exemples pertinents et dans tous les deux cas les auteurs accordent le participe avec le C antéposé (mais il s'agit d'un accord purement graphique!!!).

5. Les concepts d'information donnée et d'information nouvelle sont, cela va de soi, des idéalisations. En vérité, une information n'est que très rarement ENTIÈREMENT donnée ou ENTIÈREMENT nouvelle. Cf. à propos la notion de "dynamisme communicatif" développée par M.Firbas, "On Defining the Theme in Functional Sentence Analysis", Travaux linguistiques de Prague 1, Prague 1964, pp.267-280

6. Cf. R.Quirk/S.Greenbaum/G.Leech/J.Svartvik, A Grammar of Contemporary English. London 1979, pp.945-946

7. Cf. F.Antinucci/V.Volterra, "Lo sviluppo della negazione nel linguaggio infantile: uno studio pragmatico", Lingua e Stile 10,2, 1975, pp.231-260. Si je dis à mon interlocuteur que Jean ne viendra pas, c'est que je présuppose qu'il croit qu'il vient.

8. La phrase serait possible avec l'intonation du type A.

9. L'insertion d'un pronom reprenant le C n'est pas toujours possible, d'ailleurs, même si l'on change l'intonation. Cf.: Une arsouille, c'est (Pohl, p. 5o7); ou bien: Hélène on l'appelait.

10. La jointure entre le C et le groupe S-V se présente sous différentes formes. Cf. a. tout abruti il est (B 156); b. interminable, ça me paraît (COM 266); c. Sans un que j'étais; d. la pointe d'ironie dans ses chasses...je lis (CIN 36); Certain à présent je suis (ENF 245); "Le Fontainebleau"... c'est ça... il s'appelait (COM 12); À la rue, Max, on les a jetées (CAVE 75); Trente ans moi que j'ai attendu! (PL 90); À pleins bras, comme chaque samedi, qu'ils allaient se faire emporter, les tricards nostalgiques (CAVE 163).

11. Tous mes exemples, comme j'ai dit, sont puisés dans des romans argotiques. Or, je viens de trouver une construction du type B dans une interview publiée dans le journal féminin "Le nouveau F" (sept.82). L'interviewé est un pied-noir de 48 ans. Cet exemple semble indiquer que le type B n'est plus restreint au seul langage populaire. Le voilà: "Je suis né en Algérie, sous un climat très phallo, et je crois que ce sont les nouvelles femmes qui m'ont sauvé de ma propre phallocratie... Avant, pour séduire, il suffisait d'une belle prestance et d'une voiture de sport: épatées, elles étaient."

12. J'emploie ce terme au sens de M.Gross, c'est-à-dire désignant une relation régulière entre deux structures superficielles. Cf. M.Gross, Méthodes en syntaxe. Paris 1975

13. Dans la construction C-S-V on peut en plus insérer QUE entre le C et le S.

Bibliographie:

a. Sources:

Boudard A., La cerise, Paris, 1963. Cité d'après l'éd. Folio, 1973 (CER).

Boudard A., Bleubite, publié d'abord sous le titre "Les matadors", en 1966; cité d'après l'éd. Folio, 1974 (B).

Boudard A., L'hôpital. Une hostobiographie, Paris, 1972. Cité d'après l'éd. Folio, 1976 (H).

Boudard A., Cinoche, Paris, 1974. Cité d'après l'éd. Folio, 1975 (CIN)

Boudard A., Les combattants du petit bonheur, Paris, 1977 (COM).

Boudard A., Le corbillard de Jules, Paris, 1979 (COR).

Boudard A., Les enfants de choeur, Paris, 1982 (ENF).

Céline L.-F., Mort à crédit I, Paris1936, puis 1952. Cité d'après l'éd. Folio, 198o (MORT).

Céline L.-F., Le pont de Londres, Paris, 1964. Cité d'après l'éd. Folio, 1973 (PL).

Simonin A., Le cave se rebiffe, Paris, 1973 (CAVE)

Duneton C., Je suis comme une truie qui doute, Paris, 1976.

b. Ouvrages scientifiques:

Blinkenberg A., L'ordre des mots en français moderne, 2 vol., Copenhague, 1928-1933.

Cohen M., Une fois de plus des regards sur la langue française, Paris, 1972 (plus particulièrement les chapitres 28 et 29).

Frei H., Définition du type 'Les Marocaines, vous aimez?', dans: Festschrift Kurt Baldinger zum 6o. Geburtstag, Tübingen, 1979, 3oo-3o3.

Grevisse M., Le bon usage, Gembloux, 1975.

Lanly A., Le français d'Afrique du Nord. Etude linguistique, Paris, 1962, 3o4-3o6.

Le Bidois G. et R., Syntaxe du français moderne. Ses fondements historiques et psychologiques, 2 vol., Paris, 1968, t.2., 51, 69.

Lerch E., Influence du breton sur le français?, dans: Le Français Moderne 3, juin 1936, 249-250.

Lorian A., Valeur et applicabilité. Quelques réflexions sur les techniques de mise en vedette, dans: Zeitschrift für romanische Philologie 86, 1970, 173-189.

Pohl J., Les constructions About-Pronom sujet-Verbe dans le français contemporain, dans: Actes du XIIIe Congrès International de Linguistique et de Philologie Romanes, Québec, 1976, t.1, 499-514.

Ruelle P., L'ordre Complément direct-Sujet-Verbe dans la proposition énonciative indépendante, dans: Mélanges de grammaire française offerts à M.Grévisse, Gembloux, 1966, 307-322.

Spitzer L., Une habitude de style (le rappel) chez M.Céline, dans: Le Français Moderne 3, juin 1936, 193-2o8.

Thun H., Die Präsentation durch que im volkstümlichen Französisch, Dans: Grammatik. Akten des 10. Linguistischen Kolloquiums, Tübingen, 1976, t.2., 265-276.

KONTROLLPROBLEME IN INFINITEN KOMPLEMENTKONSTRUKTIONEN IM DEUTSCHEN [1]

Gesa Siebert - Ott, Köln

1. Die Kontroll-Regel in der Literatur

Gegenstand der vorliegenden Untersuchung sind infinite Komplementkonstruktionen des Deutschen, welche die charakteristische Eigenschaft teilen, daß das Nominativsubjekt des eingebetteten Satzes - unter der Voraussetzung, daß man zwischen zugrundeliegenden und abgeleiteten Strukturen unterscheidet - in der Oberflächenstruktur unrealisiert bleibt, vgl. (1) - (6) [2].

(1) Der Linguist bittet die Zuhörer, ___ Chomskys neueste Theorie zu besprechen.

(2) Der Linguist verspricht den Zuhörern,___ Chomskys neueste Theorie zu besprechen.

(3) Der Linguist vereinbart mit den Zuhörern, ___ Chomskys neueste Theorie zu besprechen.

(4) Der Linguist lädt die Zuhörer ein, ___ Chomskys neueste Theorie bei einem Glas Wein zu besprechen.

(5) Der Linguist bestätigt den Zuhörern, ___ mit Interesse der Besprechung von Chomskys neuester Theorie zugehört zu haben.

(6) Der Linguist ordnet an, ___ Chomskys neueste Theorie zu besprechen.

Die Annahme, daß die hier diskutierten infiniten Komplemente in der zugrundeliegenden Struktur eine Subjekt-NP haben, die man zunächst - im Rahmen der Standardtheorie (ST) - als volle NP und später - im Rahmen der erweiterten bzw. der revidierten erweiterten Standardtheorie (EST bzw. REST) - als bereits basisgenerierte lexikalisch leere

Konstituente, $[_{NP}\ e]$, auffaßte [3], machte eine Regel notwendig, die präzisierte, unter welchen Bedingungen diese volle NP getilgt werden konnte [4], bzw. wie die dann als Anapher aufgefaßte $[_{NP}\ e]$ auf einen geeigneten Antezedenten (=Kontroll-NP) zu beziehen war [5]. Ohne an dieser Stelle auf die hierzu vorgeschlagenen Regeln, die diesen Prozeß jeweils erfassen sollten (=Kontroll-Regeln), im Detail einzugehen [6], kann man sie doch in einer entscheidenden These zusammenfassend charakterisieren, die besagt, daß im 'Normalfall' komplementfähige Matrixverben, die für eine Objekt-NP subkategorisiert sind, Kontrolle durch eben diese Objekt-NP fordern, und daß solche Matrixverben, die außer für eine Subjekt-NP neben dem Satzkomplement für keine weitere Ergänzung subkategorisiert sind, Kontrolle durch diese Subjekt-NP fordern [7]. Diese These widerspricht nun meines Erachtens entschieden der sprachlichen Intuition, für die das Kontrollverhalten von Verben wie versprechen, vereinbaren und einladen nicht weniger 'normal' zu sein scheint als das Kontrollverhalten von Verben wie bitten, auffordern und befehlen.

2. Ein Regelparadox

Schon Jackendoff (1972: 212) betonte, daß das Kontrollverhalten eines Verbs wie versprechen, bei dem ganz offensichtlich eine Korrelation zwischen der Verbbedeutung und dem formalen Verhalten bei 'Subjekttilgung' im Komplementsatz bestand, Zweifel an der Angemessenheit einer strukturorientierten bzw. formal-syntaktisch definierten Kontroll-Regel wecken mußte. Jackendoffs Ansatz, der die Berücksichtigung der Bedeutung des komplementfähigen Matrixverbs als wesentlichen Bestandteil einer Theorie der Kontrolle fordert, widerspricht damit also in einem zentralen Aspekt den oben skizzierten

Kontroll-Theorien, die postulieren, daß das Kontrollverhalten eines dreistelligen Verbs wie versprechen, das Subjekt-Kontrolle verlangt, als Ausnahme im Lexikoneintrag des betreffenden Verbs zu markieren ist, während das Kontrollverhalten von anderen dreistelligen Verben wie bitten, auffordern, befehlen etc., die Objektkontrolle verlangen, durch eine generelle Regel, eben die Kontroll-Regel, vorhergesagt werden kann.

Damit entsteht für eine Konzeption einer Theorie der Kontrolle die wenig wünschenswerte Situation, daß die Kontrolleigenschaften eines Verbs wie versprechen von einer strukturorientierten bzw. formal-syntaktisch orientierten Theorie als völlig irregulär bezeichnet werden, während sie von der anderen semantisch orientierten Theorie als durchaus regulär eingestuft werden. Bereits aus diesen Andeutungen ergibt sich, daß auch für eine Theorie der Kontrolle die Unterscheidung von regulären und irregulären sprachlichen Daten und damit die Unterscheidung von Regeln, die der Kerngrammatik bzw. die der Randgrammatik einer Sprache zuzurechnen sind, dringend erforderlich ist [8].

Die hier skizzierte, theoretisch höchst unbefriedigende Situation folgt meines Erachtens aber noch aus einem anderen Defizit der genannten Kontroll-Theorien - und hier ist auch die von Jackendoff konzipierte Theorie mit einzuschließen - : sämtliche Modelle sind nämlich bestrebt, Kontroll-Regeln entweder als rein strukturorientierte bzw. formal - syntaktisch definierte oder aber als rein semantische Regeln zu formulieren. Für diese Reduzierung einer Theorie der Kontrolle auf jeweils einen einzigen Aspekt besteht aber meines Erachtens kein Grund, vielmehr scheinen mir die sprachlichen Daten dafür zu sprechen, daß 'Kontrolle' ein durchaus komplexes Phänomen ist, bei dem neben den syntaktischen und semantischen auch pragmatische Aspekte zu berücksichtigen sind [9]. Zu untersuchen und in einer Theorie der Kontrolle darzustellen ist aber die Gewichtung dieser verschiedenen Faktoren und ihre Beziehung zu einander.

3. Die 'Bedeutung'des Matrixverbs als entscheidender Faktor bei der Bestimmung von Kontrollbeziehungen.

Daß die Bedeutung des Matrixverbs tatsächlich einen entscheidenden Faktor für die Bestimmung von Kontrollbeziehungen darstellt, wird deutlich, wenn man das Kontrollverhalten einerseits von Verben vergleicht, die die gleiche Zahl von Ergänzungen konzeptuell fordern, und andererseits von Verben, die sich zwar nach Zahl und Art der konzeptuell geforderten Ergänzungen unterscheiden, aber eine ähnliche Bedeutung haben: Während sich nämlich etwa die große Gruppe der dreistelligen Verben in Bezug auf ihre Kontrolleigenschaften als durchaus heterogen erweist,vgl. (1)= Objektkontrolle, (2)= Subjektkontrolle, (3)= sowohl Subjektkontrolle als auch gemeinsame Kontrolle von Subjekt-NP und Objekt-NP möglich, (4)= sowohl Objektkontrolle als auch gemeinsame Kontrolle von Objekt-NP und Subjekt-NP möglich, (5)= sowohl Subjektkontrolle als auch Objektkontrolle möglich, zeigen bedeutungsähnliche Verben fast ausnahmslos gleiches Kontrollverhalten und zwar unabhängig von der Zahl und der Art der konzeptuell geforderten Ergänzungen, vgl. (7), (7') und (7"):

(7) Die Polizei fordert die Demonstranten auf, ___ den Saal zu verlassen.
(desgl. bitten, ersuchen, aufrufen, nötigen usw.)

(7') Die Polizei rät den Demonstranten, ___ den Saal zu verlassen.

(desgl. empfehlen, anraten, nahelegen, gebieten usw.)

(7") Die Polizei ordnet an, ___ den Saal zu verlassen.

(desgl. anregen, beantragen, befürworten, veranlassen [10],)

Wenn man davon ausgeht, daß man die Bedeutung von Aufforderungsverben, die konzeptuell drei Argumente (xyz) haben, grob charakterisieren kann als 'x versucht y zu z zu veranlassen', wobei x als QUELLE&AGENS, y als ZIEL und z als OBJEKT charakterisierbar ist und x und y das Merkmal [+ menschlich] haben und z das Merkmal [+ Handlung] [11], dann gilt in der Regel, daß nur das Argument y als Kontroll-NP in Frage kommt. Daß es sinnvoll ist, sich bei der Formulierung von Kontrollbeziehungen auf die logisch-semantische Charakterisierung eines Prädikats zu beziehen und nicht auf dessen kategoriale Charakterisierung, zeigen die unter (7") genannten Daten: obwohl das Argument y, das in (7) und (7') als Objekt-NP realisiert ist, bei Verben wie anordnen nicht realisiert werden kann, wird es trotzdem als Kontrollgröße verstanden.

Ein weiteres Indiz für die Annahme, daß es sinnvoll ist, sich bei der Bestimmung von Kontrollbeziehungen auf die Prädikatsbedeutung als Bestandteil der logisch-semantischen Charakterisierung der Prädikat- Argument-Struktur zu beziehen, liefert das Kontrollverhalten eines Aufforderungsverbs wie einladen, vgl. (4) vs. (4') und (4"):

(4') ?Der Linguist lädt seine Zuhörer$_1$ ein, daß sie$_1$ an der Sitzung des Bundeskabinetts teilnehmen.

(4") ?Der Linguist lädt seine Zuhörer$_1$ ein, daß sie$_1$ nach München fahren.

Damit das Wort einladen 'richtig' verwendet

werden kann, muß x offenbar in irgendeiner Weise 'autorisiert' sein, zu der durch z ausgedrückten Handlung aufzufordern, vgl. (4'), bzw. x muß selbst an der Handlung beteiligt sein, vgl. (4") [12]. Insofern ist das Kontrollverhalten eines Verbs wie einladen eine natürliche Folge aus seiner Bedeutung und nur insofern als 'Ausnahme' einzustufen als sich eine 'Einladung' in der genannten Weise von anderen Aufforderungshandlungen unterscheidet [13].

Überraschend scheint es hingegen zu sein, daß auch Verben, bei denen kein Zusammenhang zwischen der Prädikatsbedeutung und dem Kontrollverhalten besteht, wie z.B. die 'Verben des Sagens und Denkens', eher ein Indiz dafür sind, daß Kontrollbeziehungen im Hinblick auf die Prädikatsbedeutung zu definieren sind. Aber nur diese (relative) Neutralität erklärt, warum bei diesen Verben - anders als z.B. bei den Aufforderungsverben - die Realisierung einer Objektergänzung bzw. deren Fehlen Einfluß auf die jeweils gegebenen Kontrollbeziehungen hat, vgl. (5) vs. (5'):

(5') Der Linguist bestätigte, ___ mit viel Interesse der Besprechung von Chomskys neuester Theorie zugehört zu haben.

Auch spielt nur bei solchen Verben der Kontext bzw. der Inhalt von Komplementsatz und/ oder Matrixsatz - also eben pragmatische Faktoren - eine Rolle, vgl. (8) und (9):

(8) Der Gast bestätigte dem Kellner, ___ ihm die Soße unabsichtlich über den Anzug gegossen zu haben.

(9) Der Kellner bestätigte dem Geschäftsführer, ___ dem Gast die Soße unabsichtlich über den Anzug gegossen zu haben.

Interessant ist in diesem Zusammenhang auch ein Vergleich von (1o) und (11), der zeigt, daß im ersteren Falle die Kontrollverhältnisse - und zwar wohl ausgelöst durch den Inhalt des Komplementsatzes - in Analogie zu denen der Aufforderungsverben interpretiert werden.

(1o) Ich habe dem Kellner gesagt, sofort Tee zu bringen, wenn du kommst.

(11) Ich darf ohne Übertreibung sagen, in diesen Dingen etwas Erfahrung zu haben [14].

4. Anforderungen an eine künftig zu formulierende Theorie der Kontrolle

Eine Theorie der Kontrolle hat also - und das steht im Einklang mit der Intuition über die betreffenden sprachlichen Daten - die Prädikatsbedeutung als entscheidenden sprachlichen Faktor zu berücksichtigen. Dabei sollte sie - und das geht über die bislang an diese Theorie gestellten Anforderungen hinaus - auch Daten wie die folgenden erklären können, vgl. (12), (12') und (12") sowie (13), (13') und (13"):

(12) Paula$_1$ bat Emma$_2$, daß sie$_2$ Kuchen mitbringt.

(12') Paula$_1$ versprach Emma$_2$, daß sie$_2$ Kuchen mitbringt.

(12") Paula$_1$ bestätigte Emma$_2$, daß sie$_{1 \text{ od. } 2}$ einen wohlschmeckenden Kuchen gebacken habe.

(13) Der Kunde bat die Bank um die Vermittlung eines Kredits.

(13') Der Kunde versprach der Bank die Vermittlung eines Kredits.

(13") Der Kunde sprach mit der Bank über die Vermittlung eines Kredits.

Bei anaphorischem Gebrauch des Pronomens entstehen hier die gleichen Beziehungen wie in den oben diskutierten infiniten Komplementsätzen. Darüberhinaus sind offenbar die Möglichkeiten für einen nicht-anaphorischen Gebrauch des Pronomens in (12) und (12') erheblich eingeschränkt, bei nicht-anaphorischem Gebrauch des Pronomens entstehen Strukturen mit geringer Akzeptabilität, vgl. (15) und (15'):

(15) ?Paula$_1$ bat Emma$_2$, daß sie$_3$ Kuchen mitbringt.

(15') ?Paula$_1$ versprach Emma$_2$, daß sie$_3$ Kuchen mitbringt.

Umgekehrt gilt für $[_{NP}e]$ (=PRO), daß der nicht-anaphorische Gebrauch auf bestimmte Strukturen beschränkt ist, vgl. (16) [15]:

(16) Es ist nicht leicht, ___ Chomskys neueste Theorie zu verstehen.

Daß die hier beschriebenen Kontroll-Phänomene als Bestandteil der Prädikatsbedeutung aufzufassen bzw. nur im Hinblick auf die Prädikatsbedeutung adäquat zu erfassen sind und deswegen nicht in einer speziellen Regel, die nur der Interpretation von 'PRO' dient, beschrieben werden sollten, zeigen auch die unter (13), (13') und (13") genannten Beispiele.

Sinnvoller als eine Kontroll-Regel vom Format der oben diskutierten zu formulieren, scheint es mir daher, den Interpretationsprozeß zu analysieren und zu beschreiben, der beim Verstehen der diskutierten Strukturen offenbar abläuft. Es scheint sich hier um einen Schlußfolgerungsprozeß beim Sprecher/ Hörer zu handeln, bei dem die Faktoren, die bei der Bestimmung eines geeigneten Antezedenten eine Rolle spielen können - nämlich semantische, pragmatische und syntaktische - in der hier skizzierten Weise Berücksichtigung finden. Nur eine solche Annahme kann - so scheint mir - der hier angedeuteten Komplexität des Phänomens 'Kontrolle' in angemessener Weise Rechnung tragen.

5. Fußnoten

1. Die hier diskutierten Fragen bauen auf auf Überlegungen in meiner gleichnamigen Dissertation.

2. Unberücksichtigt bleiben dagegen - neben Strukturen, bei denen die Subjekt-NP des infiniten Komplements an der Oberfläche erscheint, vgl. Chomsky (198o:3off) - auch Strukturen mit Modalverb oder Passivkonstruktion im Komplementsatz, vgl. (17), (17') und (17"):

   (17) Der Linguist bittet seinen Kollegen, ___ ihn in seinem Wagen mitzunehmen.
   (17') Der Linguist bittet seinen Kollegen, ___ ihn in seinem Wagen mitnehmen zu dürfen.
   (17") Der Linguist bittet seinen Kollegen, ___ in seinem Wagen mitgenommen zu werden.

   Gegenüber Abraham (1982) bin ich der Ansicht, daß es sich hier um Sonderfälle handelt, und daß es daher nicht sinnvoll ist, deren besonderes Kontrollverhalten bei der Formulierung einer Theorie der Kontrolle als zentralen Aspekt zu berücksichtigen, vgl. auch Reinwein (1977). Dieses Vorgehen schiene mir nur dann gerechtfertigt, wenn sich der Nachweis erbringen ließe, daß die Unterscheidung zwischen agentivem und nicht-agentivem Komplementsubjekt generell eine Rolle für die Festlegung der Kontrollbeziehungen spielt und nicht nur in den hier genannten Fällen.

3. Zu den Gründen, die im Einzelen für diese Annahme sprechen, vgl. Siebert-Ott (1982:2f) und Koster/May (1982:166ff).
   Koster/May argumentieren gegenüber der von Bresnan postulierten $\overline{VP}$-These, daß den hier diskutierten infiniten Komplementen Satzstatus zukommt. Bresnan (1982) ihrerseits formuliert eine Kontrollregel, die sich nicht auf Konstituentenstrukturen sondern auf 'Funktionen', für die das Matrixprädikat subkategorisiert ist, bezieht. Diese Regel gleicht aber in einem entscheidenden Aspekt den hier diskutierten Kontrollregeln - wenn sie nämlich voraussagt, daß das Kontrollverhalten von Verben wie <u>versprechen</u>, die obwohl sie logisch drei-wertig sind, Kontrolle durch das Subjekt und nicht durch das Objekt verlangen, als irregulär einzustufen und im Lexikoneintrag des betreffenden Verbs zu verzeichnen ist.

4. Rosenbaum (1967) formuliert dazu das Prinzip der minimalen Distanz als Bedingung für die Trans-

formation EQUI-NP-Tilgung, die die Subjekt-NP eines Komplementsatzes tilgte, wenn sie referenzidentisch war mit der nächsten NP des übergeordneten Satzes, wobei 'Nähe' gemessen wurde unter Bezug auf die Anzahl der Verzweigungen im Strukturdiagramm auf dem Pfad, der die beiden NP's verband.

5. Chomsky (198o) und Koster (1978) schlagen dafür Kontrollregeln vor, die das von Rosenbaum postulierte Prinzip im Kern enthalten, wobei Chomsky diese Regel als eine der interpretativen Komponente der Grammatik zuzurechnende Regel auffaßt, die sich mit der Syntax (!) der 'logischen Form' befaßt, während Koster sie als Bestandteil einer einheitlichen Koindizierungsregel auffaßt, welche er als universelle Kernregel der Syntax (!) bezeichnet, vgl. dazu im Einzelnen Siebert-Ott (1982:55ff).

6. Vgl. dazu Siebert-Ott (1982:19ff und 55ff).

7. Vgl. auch Anm. 3

8. Vgl. Siebert-Ott (1982:73)

9. Chomsky (1981:78) modifiziert die in Chomsky (198o:33) formulierte Kontrollregel, wenn er die Relevanz anderer Faktoren wie der 'thematischen Relationen', der Verbbedeutung sowie anderer semantischer wie auch pragmatischer Aspekte in diesem Zusammenhang betont. Dennoch behält er die Kontrollregel im Kern (MDP) bei.

1o. Vgl. dazu die entsprechenden Stichworte bei van der Elst (1982).

11. Zur Bezeichnung der Kasusrollen vgl. Fillmore (1969).

12. Diesen Hinweis verdanke ich Marga Reis.

13. Die von van der Elst (1982) vorgeschlagene Form der Bedeutungscharakterisierung von Aufforderungsverben mit Hilfe einer prädikatenlogischen Sprache, sowie die von ihm vorgeschlagenen Korrelationsregeln, die die logisch-semantische und die kategoriale Ebene in Beziehung setzen, halte ich in besonderer Weise für geeignet, den Zusammenhang von Verbbedeutung und Kontrolleigenschaften - wie er hier diskutiert wurde - darzustellen.

14. Diese Satzbeispiele sind belegt bei Bech (1955: 183 und 1o5).

15. Vgl. dazu im Einzelnen Chomsky (1981:191ff).

6. Bibliographie

Abraham, W. Zur Kontrollbeziehung im Deutschen. In: Groninger Arbeiten zur Germanistischen Linguistik. Nr. 21. Groningen, 1982, 112-167.

Bech, G. Studien über das deutsche Verbum Infinitum. Bd. 1. Kopenhagen, 1955.

Bresnan, J. Control and Complementation. LI, 1982, 343-434.

Chomsky, N. On Binding. LI 11, 198o, 1-46.

Chomsky, N. Lectures on Governement and Binding. Dordrecht, 1981.

Van der Elst, G. Verbsemantik. Wiesbaden, 1982.

Fillmore, Ch. Types of Lexical Information. In: F. Kiefer (Hg), Studies in Syntax and Semantics. Dordrecht, 1969, 1o9-137.

Jackendoff, R. Semantic Interpretation in Generative Grammar. Cambridge, Mass., 1972.

Koster, J. Locality Principle in Syntax. Dordrecht, 1978.

Koster, J. und R. May. On the Constituency of Infinitives. Lg. 58, 1982, 116-143.

Reinwein, J. Modalverb-Syntax. Tübingen, 1977.

Rosenbaum, P.S. The Grammar of English Predicate Complement Constructions. Cambridge, Mass., 1967.

Siebert-Ott, G. Kontrollprobleme in infiniten Komplementkonstruktionen. Phil.Diss., Köln, April 1982.

DEFINITENESS AND TRUTH RELATION

Kazimierz A. Sroka, Gdansk

0. Introduction

0.0. The present paper deals with the signification of selected determiners of English, German, and Polish. Its aim is to show how particular determiners, including articles in English and German, and certain locational/accentual features (as functional equivalents of articles) in Polish, contribute to the significational (representative, semantic) value of a sentence and, in effect, influence the truth relation among sentences. The tool proposed for handling the problem is the language of predicate logic and theory of description redeveloped, in the latter component, for the purpose of more adequately and more sensitively representing the phenomena of reference observed in natural language. The paper supplies logical representations for certain sentences differing only in the determiner present in the NP functioning as the subject and then points out the truth-relational values resulting from these representations.

0.1. A truth-relational value for sentences a and b is a system of co-occurrence of each of the two possible truth values (i.e. 'true' and 'false') of a with each of the two possible truth values of b. When speaking of truth relation between sentences a and b, we are, therefore, not interested in their actual truth values, i.e. whether any of them is actually true or false, but in the influence a hypothetical truth value of one sentence has upon the truth of the other sentence. While a given truth value holds for a single sentence and consists in the existence or non-existence, in a given world, of the state or event the sentence represents, a particular truth-relational value holds among sentences and it does so only by virtue of their significational values. There are sixteen truth-relational values for two sentences. They correspond to the sixteen truth functors of two arguments, i.e.

valence, implication, disjunction, etc., and can be represented by means of the respective truth tables.[1]

0.2. Our description will be focused on, although not limited to, the following sets of English, German, and Polish sentences:

(E1) Each woman wants to see you.
(E2) A woman wants to see you.
(E3) The woman wants to see you.
(E4) Some woman wants to see you.
(E5) A certain woman wants to see you.

(G1) Jede Frau wünscht Sie zu sehen.
(G2) Eine Frau wünscht Sie zu sehen.
(G3) Die Frau wünscht Sie zu sehen.
(G4) Irgendeine Frau wünscht Sie zu sehen.

(P1) Każda kobieta pragnie zobaczyć się z Panem.
(P2) a. Pragnie zobaczyć się z Panem kobieta.
b. Ko`bieta pragnie zobaczyć się z Panem. (Nuclear tone.)
(P3) a. Kobieta pragnie zobaczyć się z Panem.
b. Ta kobieta pragnie zobaczyć się z Panem.
(P4) Jakaś kobieta pragnie zobaczyć się z Panem.
(P5) Pewna kobieta pragnie zobaczyć się z Panem.

Identical figures are used to indicate the significational correlation among sentences of different languages. Such sentences have certain significational features (including the actual meaning of the determiner) in common and with regard to those features they will be given the same logical representation. Again, within a monolingual set, each sentence has a different signification by virtue of the actual meaning of the determiner[2] and, accordingly, the logical representation will for each be different.

The logical representations which we accept or propose for our sentences will bear the symbol L followed by a corresponding figure. In logical representations the expression F(x) should be read as "x is F", or "x is a woman", and the expression W(x) as "x is W", or "x wants to see the addressee", "the addressee" being an explicational paraphrase of you, Sie, and (z) Pan(em).

The validity of our assertions concerning the significations of the determiners examined is restricted by the type of sentences taken as the basis of description. Our attention is confined to determiners appearing in the NPs functioning as subjects in affirmative sentences. As regards the articles, we do not consider here their generic uses or the use of the definite article in the case of denotational uniqueness.[3]

0.3. Our discussion consists of four main parts which appear under the following headings: 1) Problems of logical representation, 2) τ-operator and predicates of identification, 3) Truth-relational values, 4) The typological-comparative aspect.

1. Problems of logical representation

1.0. In this part we first concentrate for a moment on the problem of logical representability of sentences of natural language and then give a short account of the existent ways of representing the types of sentences exemplified on our list; simultaneously, we formulate certain conditions that logical representations of the sentences (2)-(5) should satisfy.

1.1. Considering the possibility of logical representation for sentences of natural language, we should realize that any set of sentences to be logically representable must constitute a system or be part of a system in which consistency and distinctness of meaning are obligatory, meaning shifts and vagueness being thus excluded. We know that sentences of natural language, even in its scientific varieties, do not always meet that condition. Still, if we want to give logical representations to any set of sentences of natural language, we must impose on them the restriction here defined. This, in practice, means that only a clearly defined and significationally distinct use of a sentence can be the object of logical representation.

1.2. If each is taken in the sense of 'exactly each' (cf. the restriction stated above), then we may accept, as it is usually done, that the means for representing our sentence (1) will be a sentence with the universal quantifier, namely:

(L1) $(\forall x)(F(x) \rightarrow W(x))$.

For every x, if x is F, then x is W.

Difficulties arise when we want to give logical representations to the remaining sentences, i.e. (2)-(5). Such representations should a) make these sentences distinguishable from sentence (1), b) show the significational features by which they differ from one another, and c) bring forward other essential properties of this subgroup. Classical resources offer us an expression with the existential quantifier, (LA), for (2), (4), and (5), and an expression with the iota-operator, (LB), for (3).

(LA) $(\exists x)(F(x) \wedge W(x))$.

There is at least one such x that x is F and x is W.

(LB) $W((\iota x)F(x))$.

Russellian reading: There is one and only one such x that x is F and x is W. (Here the existence of such only x that x is F is asserted.)

Strawsonian reading: Such only x that x is F is W. (Here the existence of such only x that x is F is presupposed.)[4]

These representations satisfy only postulate (a) and, to a very small extent, postulate (b).

Other proposals for representing such sentences as (2), (4), and (5), include eta-operator (η)[5] and referential operator (Ref). The latter is introduced by Irena Bellert, who rightly regards the existential quantifier as inadequate for this type of sentences. The Ref-operator forms an argument, (Ref x) $\varphi(x)$, which represents "That 'object' which the speaker is referring to at the time of producing the given indefinite description and which is φ" (BELLERT 1970: 20).

The sentences (2), (4), and (5), in the case of which φ would be realized as F, would obtain the representation (LC).

(LC) W((Ref x)F(x)).

2. τ-operator and predicates of identification

2.0. In order to solve the problem of logical representation for the sentences (2)-(5), we propose introduction of a τ-operator and use of predicates of identification.

2.1. In our opinion, it will be easier to show the nature of the sentences (2)-(5) if we distinguish between elementary and comparative[6] sentences according to the orientation which accompanies the assignment of the predicate to a particular argument. A sentence is elementary if it represents only the fact that the feature represented by the predicate holds for a designate or designates picked out by the encoder as those he wants to speak about, the rest of the designates of the name's denotation not being taken into account. In this case, the predicate assignment is individually (partially) oriented. In turn, a sentence is comparative if it represents a relational state holding in the entire set of the name's designates with regard to the feature represented by the predicate. In that case, the predicate assignment is generally (relationally, quantificationally) oriented. For practical reasons, we shall use the adjective "quantifying" for the sentences which we have defined here as comparative. Among them we shall distinguish Q-universal sentences, e.g. (1) with its representation (L1), and Q-existential sentences, e.g. (6) and (7), for which, in the proper signification, the representation (LA) can justifiably be used.

(6) There is at least one woman that wants to see you.

(7) At least one woman wants to see you.

The predicate assignment is individually oriented in each of our sentences (2)-(5); thus they all qualify as elementary and (LA) cannot be an adequate representation for any of them. Looking for other ways of representing them we, first of all, propose a special operator, τ (tau), which we shall call referent-choice operator or, simply, τ-operator. Reflecting the process which takes place on the part of the encoder, the τ-operator selects, from the set represented by the name used as an argument, a designate or designates the encoder wants to speak about. This operator differs from Bellert's Ref-operator in that it is not restricted by the uniqueness condition and its application is not confined to indefinite descriptions (cf. BELLERT 1970: 20). Hence it can be used also in the representations of the sentences whose subject appears in plural and of those which contain definite descriptions (both in singular and in plural). Additionally, the action of the τ-operator is mediated by a numerical operator which, being realized by particular numerical values, makes it possible to represent the number of the designates involved as signalled in a given sentence ('one', 'more-than-one', 'two', 'three', etc.). In the expression (LD), showing the functioning of the two operators, the numerical operator is generalized in the symbol n; the function defining the name is generalized in φ (realized as F in the sentences we describe).

(LD) $(\tau nx)\varphi(x)$.

n of s-es the encoder wants to speak about, such that x is φ.

2.2. Variation among the sentences (2)-(5) will be shown by means of predicates of identification,[7] namely:

IEA = identified by the encoder and the addressee,

IE = identified by the encoder,

$\overline{\text{IE}}$ = non-identified by the encoder.

Sentences (2)-(5) will thus be represented as follows:

(L2) $W((\tau 1x)F(x))$.

One x the encoder wants to speak about, such that x is F |, is W.

(L3) $W((\tau 1x)(F(x) \wedge IEA(x)))$.

...| and x is IEA, is W.

(L4) $W((\tau 1x)(F(x) \wedge \overline{IE}(x)))$.

...| and x is $\overline{\text{IE}}$, is W.

(L5) $W((\tau 1x)(F(x) \wedge IE(x)))$.

...| and x is IE, is W.

The following examples show logical representations of sentences whose subjects appear in plural:

(E2a) Women want to see you. (L2a) $W(\tau(n>1)x)F(x))$.

(E2b) Three women want to see you. (L2b) $W((\tau 3x)F(x))$.

(E3a) The women want to see you.

(L3a) $W((\tau(n>1)x)(F(x) \wedge IEA(x)))$.

(E3b) The three women want to see you.

(L3b) $W((\tau 3x)(F(x) \wedge IEA(x)))$.

Such sentences as (E2b) will be interpreted as quantifying if the numeral carries a nuclear tone and then they should be given a different logical representation. Space limitation does not allow us to go deeper into this problem.

2.3. As seen from the above, the application of the τ-operator gives us a uniform basis for the treatment of sentences (2)-(5) and the use of the predicates of identification allows us to deal with the internal variation of this subgroup. The logical representations we have proposed for these sentences meet the conditions we postulated. They, namely, a) keep apart the sentences (2)-(5) from sentence (1), b) expose the features by which (2)-(5) differ among themselves, and c) grasp certain essential properties by which these sentences differ from Q-existential sentences.

3. Truth-relational values

3.0. Passing on to the truth-relational values here involved, we shall first present the values that hold among the sentences (2)-(5) themselves and then discuss the relation holding between any of these sentences and the corresponding Q-existential as well as Q-universal sentences.

3.1. Among the sentences (2)-(5), sentence (2) is inclusive with regard to all the rest since it does not contain any of the marked values of identification found in the other sentences. Owing to this, it may constitute a consequent of the implication whose antecedent is any of (3)-(5). Thus we obtain: (3) $\rightarrow$ (2), (4) $\rightarrow$ (2), (5) $\rightarrow$ (2). In effect, none of (3)-(5) is equivalent to (2).

Sentences (3) and (4) cannot be true at the same time. If then the encoder uses (4) for the state representable by (3), he conveys a statement that is pragmatically false. Another pair of sentences that cannot be true at the same time are (4) and (5). Sentences (3) and (5) are in the relation of implication: (3) $\rightarrow$ (5).

3.2. We may accept that while a Q-existential sentence, such as (6) or (7), states the existence of at least one x that is both φ and ψ (in our sentences realized as F and W, respectively), an elementary sentence, such as any of (2)-(5), assigns ψ to an x or x-es chosen as the object of predication from the set of designates of φ. We shall not discuss here the problem whether, or in what cases, an elementary sentence presupposes (i.e. requires as its appropriateness condition) the existence of at least one x that is φ. It will be justified, however, to accept that if it does and is appropriately used, then it may constitute an antecedent of the implication whose consequent is a corresponding Q-existential sentence.

As for the Q-universal sentence (1), it is not in exclusion with any of the sentences (2)-(5), which means that the former and any of the latter may be true at the same time. To put it generally, a Q-universal sentence and any corresponding elementary sentence do not exclude each other and thus may simultaneously be true.

4. The typological-comparative aspect

From the set of sentences here described it could have been noticed that the referential role (i.e. expressing the values of identification) performed by articles in English and German can be performed, in Polish, by certain locational/accentual features of the NP functioning as the subject.[8] Thus the neutral identificational value expressed by E. <u>a(n)</u> and G. <u>ein</u> (<u>eine</u>, <u>ein</u>) is in (P2) expressed in two ways: by the final position of the respective NP, in (P2a), and by a nuclear tone imposed on the NP located in the initial position, in (P2b), in both cases on the condition that the number of designates is not restricted (denotationally or speech-situationally) to one. In turn, the IEA value expressed by E. the and G. der, die, das is in (P3a) expressed by the initial position of the NP free of a nuclear tone. In (P3b), the same value of identification is expressed by the unstressed demonstrative.

5. Conclusion

In the paper, we have tried to describe, in logical terms, the signification that certain affirmative sentences derive from such determiners as a(n), the, some, a certain, and from certain locational/accentual features (functionally equivalent to articles), present in the NP functioning as the subject.

We proposed a distinction between elementary and quantifying sentences and introduced a new operator (τ) to be used, along with certain predicates of identification, in the representation of sentences of the former type. This equipment has made it possible 1) to distinguish the sentences under attention, by qualifying them as elementary, not only from the Q-universal but also from the Q-existential sentences, 2) to recognize them as a homogeneous class and to give them a unified logical treatment (irrespective of the type of reference and of grammatical number), and 3) to account for their significational variation. On the basis of the new logical representations, we have considered the problem of truth relation i) among the elementary sentences, ii) between the elementary and the corresponding Q-existential sentences, and iii) between the elementary and the corresponding Q-universal sentences.

In the typological-comparative dimension, we have supplied further evidence for the existence of structurally different ways of expressing certain values of identification in different languages.

Notes

1. For a review of the truth functors and truth tables see Marciszewski (ed.)(1970): 247.
2. E. a certain and P. pewien (pewna, pewne), when used in a sentence opening a story, may in the actual meaning be identical with the English indefinite article a(n).
3. For which see Sroka (1981): 198-200.
4. We can speak here of uniqueness only with regard to a particular situation. - For a discussion of the assertion vs. presupposition of existence see Strawson (1976).
5. Concise information on the logical treatment of description (definite and indefinite) and on the iota- and eta-operators can be found in Marciszewski (ed.)(1970): 48-51.
6. The distinction 'elementary: comparative' was originally proposed by the present author for types of features of elements of text; see Sroka (1976): 5-20.
7. For an earlier use of values of identification, but in a different representational framework, see Tabakowska (1980).
8. For a contrastive study of English and Polish from the point of view of references see Szwedek (1976).

Selected bibliography

Allwood, J./Andersson, L.-G./Dahl, Ö. (1979): Logic in linguistics. Cambridge.

Bellert, I. (1970): "On the semantic interpretation of subject-predicate relations in sentences of particular references". Bierwisch, M./Heidolph, K.E. (eds.): Progress in linguistics. A collection of papers. The Hague - Paris. 9-26.

Donnellan, K. (1976): "References and definite descriptions". Steinberg/Jakobovits (eds.): 100-114.

Marciszewski, W, (ed.)(1970): Mała encvklopedia logiki. Wrocław.

Reichenbach, H. (1948): Elements of symbolic logic. New York.

Russell, B. (1919): Introduction to mathematical philosophy. London.

Sroka, K.A. (1976): The dynamics of languaqe. Gdańsk.

---- (1981): "The grammatical category of definiteness". Kohrt, M./Lenerz, J. (eds.): Sprache: Formen und Strukturen. Akten des 15. Linguistischen Kolloquiums Münster 1980. Tübingen. I: 193-200.

Steinberg, D.D./Jakobovits, L.A. (eds.)(1976): Semantics. An interdisciplinary reader in philosophy, linguistics and psychology. Cambridge.

Strawson, P.F. (1976): "Identifying reference and truth-values". Steinberg/Jakobovits (eds.): 86-99.

Szwedek, A.J. (1976): Word order, sentence stress and reference in English and Polish. Edmonton, Alberta.

Tabakowska, E. (1980): "Existential presuppositions and the choice of head NP determiner in English restrictive relative clauses". Van der Auwera (ed.): 189-210.

Topolińska, Z. (1973): "Udział polskiej grupy imiennej w procesie aktualizacji tekstu". Biuletyn Polskiego Towarzystwa Językoznawczego 31: 35-46.

Van der Auwera, J. (ed.)(1980): The semantics of determiners. London: Groom Helm, Baltimore.

Vater, H. (1979): Das System der Artikelformen im gegenwärtigen Deutsch. 2., verbesserte Aufl. Tübingen.

Note. See also the bibliography given in Sroka (1981).

3. LEXIKOGRAPHIE UND SEMANTIK

MORE ON THE SEMANTICS OF EQUATIVE COMPARATIVES INVOLVING MEASURE PHRASES IN ENGLISH

Günter Rohdenburg, Münster

1. Equative comparatives involving measure phrases (ECMs) lack a close formal equivalent in most European languages including Dutch, French and German.[1] As has been noted by several authors (KÖNIG 1971:124-127; KÖNIG 1972:53-54; KÖNIG 1978:256-258; PATTERMANN 1946:25; WITTIG 1966:195-196, 229) they may be rendered in German by various adverbials, notably degree particles. The correspondences that have been established include those listed in (1).

(1) as early as - schon
as late as - erst, noch
as little as - nur, bloß
as much as - sogar
as many as - gleich

These particles serve to evaluate in various ways the measure phrases associated with them. What they have in common is that a sentence containing a measure phrase (MP) preceded by any of these particles always entails the corresponding sentence not involving the particular particle. The construction particle + MP is thus a hyponymous expression relative to the MP alone. This can be expressed by the formula in (2).

(2) S_i particle MP $\longrightarrow$ S_i MP

In view of correspondences like those in (1) it may seem natural to conclude that a similar entailment relation must also hold in the case of ECMs (cf. KÖNIG 1971; KÖNIG 1972; KÖNIG 1978).

(3) S_i as Ad as MP $\longrightarrow$ S_i MP

It has been shown, however, that such an entailment is not necessarily associated with ECMs (ROHDENBURG 1981). In addition, an evaluative component comparable to those associated with degree particles may be lacking in certain uses of some ECMs (ROHDENBURG 1981: 111-112). This issue will not be pursued further in the present paper.

Another problem with the hypothesis underlying (3) is that in a large number of cases an equative comparative cannot simply be left out as is suggested by (3). This is to some extent due to the fact that in an ECM the measure phrase constituent cannot normally be realised by a prepositional phrase. Nor can the ECM-construction be preceded by the full range of prepositions that would be compatible with the measure phrase alone. Restrictions of this kind are illustrated in (4) and (5).

(4) (*) As far back as (in) 1975 ...

(5) (*) The number of participants has been put (at) as high as 120.

In cases like these, a corresponding construction without the equative comparative could at least be supplied by adding an appropriate preposition. In other cases such as (6) the omission of the equative comparative would leave us with no corresponding construction at all.

(6) The language of the manuscript is as early as the 9th century.

These issues will also be omitted from consideration.

2. In the paper referred to (ROHDENBURG 1981), I employed the following characterization to cover a variety of ECM-constructions:

(7) gerichtete Maßangabenvariation mit Grenzwert (MP variation, on an appropriate scale, involving an upper and/or lower limit)

I should add that the expressions indicating the relevant terminal points are characterized by a high degree of precision. This alone would distinguish ECM-constructions from related constructions like (be) up to, a maximum of and a minimum of, which allow their terminal points to be relatively imprecise. To mention just one of many distributional distinctions in this regard between up to and ECMs: up to may freely co-occur with measure phrases modified by about and related adverbs. In the case of ECMs, however, expressions as vague as this are virtually non-existent. Furthermore, it is reasonable to assume that at least some of the constraints involving prepositions directly reflect this aspect of the semantics of ECMs.

Unlike up to, a maximum of and a minimum of, which are restricted to the expression of MP variation, not all occurrences of ECMs involve MP variation. I would suggest, however, that every adjective or adverb used in an ECM may be associated with an interpretation involving MP variation. Thus formula (7) may apply to all ECM constructions, but need not apply to all of their uses.

With all these constructions (and others) MP variation may be realized in at least three ways. Consider the following sentences:

(8) a. That well is as deep as 25 metres.
b. That canyon is as wide as 5 kilometres.
c. Those tables are as wide as 3 metres.

Given our usual assumptions about the world, (8) a. will most naturally refer to the spatio-temporal realizations of the well considered as a whole or what we may call its stages (cf. CARLSON 1978:68 ff.). In (8) b., the variation is normally associated with different points or parts of the canyon. We may thus distinguish between stage variation as in (8) a. and object-internal variation as in (8) b. In (8) c. we will in all likelihood be concerned with a set of individual objects whose width is considered to be invariable both temporally and internally. In this case, only one state and one MP will be associated with any particular member of the set of objects. This may be referred to as object-variation.[2]

3. As has been indicated, MP variation may in some instances be suppressed in the case of ECM-constructions. The items allowing MP variation to be suppressed include the adjectives and adverbs listed in (9).

(9) long ago, far back, early, late, recently, lately (advs); early, late, recent (adjs); much, many, little, few; long (adv); frequently, often; frequent

Concerning the presence of MP variation, three logically distinct uses may be recognized. To begin with, MP variation is in the vast majority of situations neither required nor excluded from the logical point of view. This type of situation is illustrated by (10) to (12) inclusive.

(10) Those books are as much (little) as six pounds (each).

(11) The teams had as many as five substitutes (each).

(12) The performances lasted as long as four hours.

In cases like these the entailment according to (3) does not hold. If an interpretation involving MP variation is selected in (10) - (12) it is most likely to be the object variation kind. Various pragmatic factors may force or disallow a reading involving MP variation. In the case of ECMs containing one of the first six temporal adverbs listed in (9), such an interpretation is not particularly prominent. It can only be established by excluding on pragmatic grounds any non-variation readings. For example:

(13) The kings of that dynasty reigned as long ago (far back, etc.) as 120 B.C.

It seems highly unlikely that all the kings in question should have reigned in such a short period. This leaves us, then, with a reading involving MP variation.

Secondly, a reading involving MP variation may be excluded on logical grounds. Example (14) is a case in point.

(14) The date is as recent as 1950.

This means that (14) entails the corresponding sentence not involving the comparative constituent.

Thirdly, a reading involving MP variation may be required on logical grounds. This situation obtains in (15)-(17).

(15) a. The dates are as recent as 1950.
     b. * The dates are 1950.

(16) a. He postulated depths of as much as 80 metres.
     b. * He postulated depths of 80 metres.

(17) a. Dockers had retirement ages as late as 68.
     b. * Dockers had retirement ages of 68.
     c. * Dockers had retirement ages which were 68.

Obviously, an entailment relation as expressed by (3) does not exist in sentences of this sort.

4. We move on to those ECM-constructions which disallow the suppression of MP variation altogether. Lack of space forces us to concentrate on the predicative use of ECM-constructions.

Any relevant adverbial uses and other syntactic types such as those in (16) and (17) will be left out of consideration in this paper.

We may assume that (be) up to, a maximum of and a minimum of are only acceptable to the extent that one or more of the three types of MP variation can occur as a natural reading of the sentences involved. It would appear that the ECMs under consideration here must be similarly restricted. However, if the usual types of MP variation are excluded on pragmatic or logical grounds, a novel type of MP variation may present itself in the form of a resultative state interpretation (cf. also ROHDENBURG 1981: 113-114). Let us look at an example.

(18) a. That bamboo tree is as high as 20 feet.

We may take it that (18) a. cannot be readily interpreted along the lines suggested earlier on (in (8) a. - c.). In that case, the sentence might be given the following interpretation:

(18) b. That bamboo tree is 20 feet high, having grown to that height (in the very recent past?).

However, in a bald sentence such as (18) a., the resultative state interpretation is generally considered to be marginal at best. To be acceptable at all, a resultative state interpretation must be firmly established contextually. This may be achieved by using adverbs like (by) now and adverbial clauses introduced by when, if and after which would plausibly suggest a state resulting from a prior transition.

5. In the following any resultative state readings will be disregarded. We have seen in (8) a. - c. that MP variation can be realized by lexical means alone. In this respect, interpretations involving MP variation of the ordinary sort would seem to differ significantly from resultative state readings. Yet even in the case of the usual types of MP variation, sole dependence on lexical means is the exception rather than the rule. In actual texts we find that ECMs involving MP variation tend to be restricted to a limited number of grammatical contexts I shall now look at some of these grammatical devices which in themselves are capable of suggesting or even establishing one or

other of the three types of MP variation. We may distinguish five types of such explicit grammatical devices.

5.1. The perfect tenses, in particular the present perfect, can in conjunction with state predications denote a change of state. They are thus ideally suited to the expression of stage variation. Compare (19) a. and (19) b.

(19) a. This sand dune has been 80 metres high.

b. This sand dune has been as high as 80 metres.

Both sentences involve stage variation. In (19) a. an upper or lower limit is left unspecified. (19) b., however, supplies a definite upper limit. (19) b. entails (19) c. and (19) d. while (19) a. does not.

(19) c. This sand dune has not been higher than 80 metres.

d. This sand dune is and has been lower than 80 metres.

5.2. A second category of devices concerns the realization of the subject noun-phrase. We are here dealing with object-variation. Given a state predication using the present tense forms <u>is</u> or <u>are</u> we may ask what noun phrase realizations are compatible with or suggestive of object-variation. In this paper, we shall restrict our attention to those elements that have been variously classified as quantifiers, determiners or even pronouns. It is in this area that the various constructions involving MP variation reveal some remarkable differences.
A summary of some of the major findings is presented in table (20). Table (20) indicates whether a particular (group of) quantifier(s) or determiner(s) may or may not establish object-variation in a sentence like (8) c.

(20)	as Ad as	up to	a maximum of a minimum of
a, the (sg. non-generic)	-	-	-
the (sg. generic)	+	+	+
a (generic)	-	+	(+)
the, these, those, my etc.	+	+	+
"bare plural" (CARLSON 1978)	+	+	+
numerals, both, most, few	-	-	-
certain, several, various	-	-	-
many	+	(+)	-

(20) (cont.)	as Ad as	up to	a maximum of a minimum of
a few	+	+	-
some (pl.)	+	+	-
one (particular)	+	-	-

Not included in (20) are the negative elements no, none and items like every, all and each that have been related to the universal quantifier. Obviously, these are all incapable of establishing object-variation. So are the singular definite and indefinite articles in their non-generic uses. The situation with regard to the indefinite article in its generic use is somewhat more difficult to assess. Definitional statements like those in (21) appear to be impossible with ECMs; they seem to require an additional modal in the case of a maximum of and a minimum of and they are perfectly acceptable with up to.

(21) a. * A stream is as wide as two metres.
 b. A stream may/can be a maximum of two metres wide.
 c. A stream is up to two metres wide.

Of the constructions compared, a maximum of and a minimum of are the least capable of establishing object-variation. Apart from generic a object-variation is here restricted to the bare plural and the definites in the plural (articles, demonstratives, possessives). A maximum of and a minimum of are thus restricted to contexts disallowing the entailment according to (3). By contrast, the other two constructions do occur in contexts involving the entailment in (3). Thus, sentences (22) a.-b. do entail the corresponding sentences not involving as Ad as or up to.

(22) a. Some of the poles are as high as 9 metres.
 b. Some of the poles are up to 9 metres high.

Assuming stage and object-internal variation to be ruled out, the two sentences must be associated with object-variation. This distinguishes them from (22) c.

(22) c. Some of the poles are 9 metres high.

Unlike (22)c., (22)a.-b. entail (22)d. and (22)e.

(22) d. None of the poles is higher than 9 metres.
 e. At least one of the poles is less than 9 metres high.

ECMs are distinguished from up to mainly by the fact that one singular item, namely one (though not a) is compatible with and even favourable to object-variation. We may compare (22)a. with (22)f.

(22) f. One of the poles is as high as 9 metres.

(22)f. definitely entails (22)d. and also something similar to (22)e. It is unclear, however, how many of the poles must be shorter than 9 metres for (22)f. to be a true statement. The most likely answer seems to be more than one.

5.3. A similar pattern emerges in the case of temporal adverbials such as sometimes, often and at one time whose meanings involve the quantification of time. This is because they are systematically related to various quantifiers (cf. LEWIS 1975). Most of these items may be used to refer to objects as well as stages of objects. Some adverbials, however, such as at one time can only quantify stages of objects.

In the area of countable nouns, the correspondences between adverbials and quantifiers that can be estblished include the following:

(23) a. sometimes + definite singular noun =some stages of N

b. sometimes + definite plural noun = some Ns or stages of Ns

This correctly predicts that with a maximum of and a minimum of any interpretations involving stage and object variation are ruled out. In (24), for example, this leaves us with an unlikely reading involving object-internal variation.

(24) Sometimes the well is a maximum of 25 metres deep.

Predictably, often corresponding to many (stages or objects) is slightly less happy with up to than with ECMs, and at one time corresponding to one stage is only acceptable with ECMs. Compare (25)a. and (25)b. I am assuming here that object-internal variation is ruled out on pragmatic grounds.

(25) a. At one time the well was as deep as 25 metres.

b. * At one time the well was up to 25 metres deep.

5.4. Comparable in function and frequency to the temporal

adverbials just discussed are local adverbials such as locally, in (some) places and at one point or in one place. When attached to singular referring expressions they involve object-internal variation. With plural referring expressions they may additionally involve object-variation. This gives us correspondences of the following sort:

(26) a. in (some) places + the river = some places of the river

b. in one place + the river = one place of the river

Object-internal variation ranging here over the river as a whole is predictably excluded in (26)a. with a maximum of and a minimum of and in (26)b. with up to, though not with ECMs. This means that (27)a. and (27)b. are to be interpreted in entirely different ways.

(27) a. At one point, the river is up to 50 metres wide.

b. At one point, the river is as wide as 50 metres.

(27)a. forces an interpretation involving stage variation, which is also possible in (27)b. The most likely reading for (27)b., however, is one that entails (27)c. and (27)d.

(27) c. At one point, the river is (always) 50 metres wide.

d. The river is nowhere wider than 50 metres and at least at one point less than 50 metres wide.

5.5. Finally, the acceptability of ECM-constructions is generally enhanced by various modals such as can, could and may. These are not geared to any particular type of MP variation.

5.6. As a rule, the grammatical devices considered tend to occur in various combinations rather than in isolation. This makes MP variation more explicit and correspondingly more complex. Compared with ECMs, up to is far less frequently associated with such contexts. While up to seems to establish a variation reading by itself, the ground for such an interpretation has to be more carefully and explicity prepared in the case of ECMs. Comparing the use of ECMs in British and American English we often find a greater dependence on such explicit devices in British English.

6. Contrary to previous assumptions, sentences containing equative comparatives and measure phrases (ECMs) do not necessarily entail the corresponding sentences without the equative comparative according to the entailment relation in (3) This is due to the fact that ECMs may generally involve measure phrase (MP) variation.

In an attempt to answer the question as to when the entailment relation in (3) holds true, two categories of ECM-constructions are distinguished; first, those that may but need not involve MP variation and second, those that necessarily involve MP variation. It would seem reasonable to assume that sentences containing ECMs of the first category lack the relevant entailment while sentences containing ECMs of the second category do involve such an entailment. Although this is usually true, there are some important exceptions to such a general rule. In sentences of the first category, special contextual factors may exclude MP variation and thus involve the entailment according to (3). There is, however, no automatic link between MP variation and the absence of the entailment expressed by (3). In particular, sentences of the second category containing subject noun phrases introduced by certain quantifiers (<u>many</u>, <u>some</u>, <u>one</u> etc.) may be associated with MP variation as well as the entailment according to (3).

Footnotes

1. The present study is based on a collection of 36oo attested examples of the construction, drawn mainly from contemporary written sources.
2. Incidentally, this is the only kind of MP variation compatible with constructions involving countable subject nouns and <u>begin</u> + achievement predicates in the sense of VENDLER (1957). Compare (i) and (ii).
   (i) The guests began to arrive at eight.
   (ii) * The guest began to arrive at eight.

Bibliography

Carlson G.N., Reference to kinds in English. Bloomington/ Indiana: Indiana University Linguistics Club, 1978.

König E., Adjectival constructions in English and German - A contrastive analysis. Heidelberg, 1971.

König E., Major and minor differences between languages. In: Nickel G. (ed.), Papers from the International Symposium on Applied Linguistics - Stuttgart, October 11-13, 1971. Bielefeld, 1972, 51-65.

König E., Noch und schon und ihre Entsprechungen im Englischen. In: Linguistik und Didaktik, 9/1978, 246-267.

Lewis D., Adverbs of quantification. In: Keenan E.L. (ed.), Formal semantics of natural languages. Cambridge, 1975,3-15.

Pattermann W., Pattermann's practical English - How to put it in English - Wie sag ich's auf deutsch. Wien, 1946.

Rohdenburg G., Zur Semantik von Gleichheitskomparativen mit Maßangaben im Englischen. In: Hindelang,G./ Zillig, W. (eds.), Akten des 15. Linguistischen Kolloquiums - Münster 1980 - Band II - Sprache: Verstehen und Handeln. Tübingen, 1981, 107-116.

Vendler Z., Verbs and times. In: The Philosophical Review, 66/ 1957, 143-160.

Wittig K., Stilkunde des Englischen. Frankfurt 1966.

SYNKATEGOREMATIZITÄT

Werner Zillig, Münster

1. Der Begriff 'synkategorematisch'

Der Begriff 'synkategorematisch' ist in der Sprachphilosophie und in der Linguistik nicht einheitlich definiert. Da ist zunächst die Frage, w a s als synkategorematisch bezeichnet wird. Albert Menne (1973: 13) bezieht sich mit 'synkategorematisch' auf Zeichen ganz allgemein. Teile von Straßenschildern, die nur in Verbindung mit anderen Teilen eine Bedeutung haben, sind damit ebenso synkategorematisch wie die Klammern in algebraischen Ausdrücken oder, in natürlichen Sprachen, die Partikeln (in, an, auf usw.). Für Franz von Kutschera (1975: 43; Kursivdruck des Orig. unterdrückt. W.Z.) sind Prädikate "Synsemantika oder synkategorematische Ausdrücke", weil die Prädikate "nur im Satzkontext Bedeutung haben". Katz (1964 und 1969: 280f.) unterscheidet ebenso wie Bierwisch (1970) und Williams (1975) synkategorematische Adjektive von kategorematischen. - Dieser Bezug auf Unterschiedliches hat Folgen: Das Adjektiv rot ist bei Kutschera Beispiel für ein synkategorematisches Wort, weil es nur im Satzkontext eine feste Bedeutung zugewiesen bekommt, wohingegen Katz, Bierwisch und insbesondere Williams Farbadjektive wie rot als zentrale Beispiele für kategorematische Adjektive nehmen.[1]

Bei meinen folgenden Überlegungen geht es, wie bei Katz, Bierwisch und Williams, um die Synkategorematizität von Adjektiven, und ich möchte vorab an einigen Beispielen erläutern, was den Unterschied zwischen kategorematischen und synkategorematischen Adjektiven charakterisiert. Betrachten wir die folgenden Sätze (1) - (3):

(1) Das ist eine rote Rose.
(2) a. Das ist eine große Fliege.
b. Das ist ein großes Pferd.
(3) a. Das ist ein gutes Bier.
b. Das ist ein gutes Auto.

Wenn wir die Adjektive rot, groß und gut in (1) - (3) ansehen, so zeigt sich, daß (eine referenzsemantische Interpretation des Begriffs 'Bedeutung' vorausgesetzt) die Bedeutung von rot in den verschiedenen Kontexten gleich bleibt. Rot bezeichnet eine bestimmte Farbe, und es ist egal, ob es sich bei dem Gegenstand, der da rot ist, um eine Rose, eine Fliege oder ein Auto handelt. Das ist bei groß und gut anders. Wenn wir die Beispiele unter (2) ansehen, wird deutlich, daß das groß in (2) a. gleichsam ein anderes groß ist als das in (2) b. Am einfachsten läßt sich das mit dem Hinweis erläutern, daß eine große Fliege immer noch viel kleiner ist als ein kleines Pferd.[2] Die Bedeutung von groß ändert sich also mit dem Nomen, auf das sich dieses Adjektiv bezieht.

Ein ähnliches Problem ergibt sich bei den Sätzen (3) a. und b. Jedermann weiß, daß ein gutes Bier andere Eigenschaften hat als ein gutes Auto. Dies wird unter anderem auch daran erkenntlich, daß wir, wenn wir die Qualitäten von Bieren und von Autos loben und dafür andere Adjektive verwenden wollen, verschiedene Wörter in Frage kommen. Das Bier werden wir 'wohlschmeckend' nennen, das Auto hingegen z.B. 'sparsam (im Benzinverbrauch)'.

Wenn ich im folgenden von der 'Synkategorematizität des Adjektivs X' spreche, so meine ich damit, daß das fragliche Adjektiv, wie groß und gut in den Beispielen (2) und (3), je nach zugehörigem Nomen unterschiedliche Bedeutungen aktualisiert.

2. Arten der Synkategorematizität von Adjektiven

Wenn ich bisher davon gesprochen habe, daß groß und gut in (2) bzw. (3) unterschiedliche Bedeutungen haben, so stand hinter dieser Redeweise ein Vorbehalt, auf den ich kurz hingewiesen habe: Die Frage ist, welches Verständnis von 'Bedeutung' man hat, wenn man sagt, daß die Bedeutungen in den genannten Sätzen sich unterscheiden. Es ist offenbar so, daß ein Adjektiv auf der Objekt- oder Sachebene immer ein Gleiches denotieren muß, damit ihm die Eigenschaft 'kategorematisch' zugeschrieben wird. Wenn also, sagen wir: jedes Objekt, das wir groß nennen, über 1 Meter lang wäre, während alle kleinen Dinge in ihrer Länge unterhalb dieser 1-Meter-Marke lägen, so würden wir groß und klein als kategorematische Adjektive ansehen; ihre Bedeutung wäre, wie die von Wörtern wie rot, in allen Kontexten gleich. - Ebenso bei gut:

Wenn gut immer und in jedem Satz mit 'sparsam (im Benzinverbrauch)' zu explizieren wäre, so könnten wir davon ausgehen, daß es ein eindeutiges, ein kategorematisches Adjektiv wäre.

Das bedeutet nun zunächst einmal, daß die Semantik, innerhalb derer wir Adjektive als kategorematisch bzw. synkategorematisch einstufen, in einem ganz strengen Sinne eine 'Referenzsemantik' ist, bei der die gleiche Bedeutung von Wörtern von der Ebene der Tatsachen abgeleitet wird. Wir könnten ja auch sagen, daß groß bedeutet '(erheblich) größer als das Durchschnittsexemplar einer Klasse X', und die Bedeutung von groß wäre dann - in diesem neuen Sinn - in allen Kontexten gleich.[3]

Ein Problem entsteht nun daraus, daß wir jetzt nicht mehr groß und gut parallel setzen können, und aus der Tatsache, daß das nicht möglich ist, ergeben sich eine Reihe von interessanten Folgerungen. Bevor ich zu diesen Folgerungen komme, möchte ich jedoch erst einmal ein Zwischenergebnis festhalten: Wenn wir hier von Synkategorematizität sprechen, so geht es um eine besondere Eigenschaft bestimmter Adjektive. Synkategorematische Adjektive verändern ihre Bedeutung ('Bedeutung' und 'Bedeutungsveränderung' referenzsemantisch verstanden) mit dem jeweiligen Kontext, oder genauer: mit dem Nomen, auf das sie sich beziehen. Es gibt zwei große Gruppen von synkategorematischen Adjektiven. Bei der einen Gruppe resultiert die Synkategorematizität daraus, daß es um Eigenschaften geht, die gemessen werden können, so daß sich die entsprechenden Adjektive immer auf r e l a t i v e N o r m e n beziehen (Normen der Größe, des Gewichts, der Abmessungen usw. eines Gegenstands X); bei der anderen Gruppe ergibt sich die Synkategorematizität aus der Tatsache, daß Sprecher, wenn sie Gegenstände bewerten, auf u n t e r s c h i e d l i c h e S t a n d a r d s referieren.

3. Die 'Lesarten' kategorematischer und synkategorematischer Adjektive

Ich habe bereits darauf hingewiesen, daß sich groß und gut in einem wichtigen Punkt unterscheiden. Wenn wir groß, wie oben geschehen, auf eine Formel bringen können, die dieses Adjektiv sozusagen 'kategorematisiert', so ist dies bei gut doch nicht in genau der gleichen Weise möglich, weil gut sich immer auf ganz verschiedene Standards bezieht und weil immer wieder Unregelmäßigkeiten bei der Aktualisierung dieser Standards vorkommen. In den Verbindungen (4) und (5)

(4) Das ist ein guter Mensch.

(5) Das ist ein gutes Pferd.

geht es eben um ganz unterschiedliche Eigenschaften bei Mensch und Tier, und diese Verschiedenheit der Bezugseigenschaften war es schließlich, die Katz dazu brachte, innerhalb seiner Analyse mit sehr vielen verschiedenen Standards zu operieren. Während es aber bei Katz vor allem darum ging, synkategorematische Wörter wie gut semantisch so zu beschreiben, daß sie bei der Einführung in die verschiedenen Satzkontexte nicht zu anomalen Sätzen führen, möchte ich hier eine andere Frage in den Mittelpunkt meiner Überlegungen rücken. Ich möchte fragen, wie sich die semantische Eigenschaft der Synkategorematizität im Gesamtzusammenhang des Problems der Lesartenfeststellung ausnimmt, und ich verstehe den Begriff der Lesart hier, wiederum in Abweichung von Katz, in einem relativ untheoretischen Sinn. Ich frage einfach: Wieviele Einträge müssen bei einem gegebenen Adjektiv in einem Wörterbuch - einem Wörterbuch, das aus Papier ist, nicht einem, das nur im Rahmen eines Grammatikmodells existiert - vorgesehen werden, damit das Adjektiv als in seinen Bedeutungsvarianten vollständig erfaßt gelten kann? Ich frage dann weiter: Welche Rolle spielt in diesem Zusammenhang die Synkategorematizität der Adjektive?

3.1. Der Zusammenhang zwischen Synkategorematizität und Lesart

In Wörterbüchern können natürlich nicht alle Varianten aufgeführt werden, die durch die Synkategorematizität von Adjektiven wie gut/schlecht und groß/klein bedingt sind. Wollte man dies tun, müßte man alle Adjektiv-Substantiv-Kombinationen aufnehmen, bei denen diese Adjektive als Kollokationspartner in Frage kommen. Betrachten wir, um zu klären, wie es sich hier im einzelnen verhält, einmal ein Adjektiv, das sich für diesen Zweck besonders eignet, nämlich das Adjektiv schwer. - Ein Wörterbuch wie das von Wahrig (1980: 3351f.) führt die folgenden Lesarten auf:[4]

1 ein (bestimmtes) Gewicht habend. 2 von großem Gewicht, lastend, drückend (Stein, Gepäck). 3 (im übertr. Sinn:) s. Sorgen.

4 schwerfällig, unbeholfen, massig, massiv (Pferd, Hand, Schritt, Bau). 5 mühsam, anstrengend, hart, ermüdend (Arbeit, Geburt). 6 schwierig, nicht leicht, nicht leicht zu lösen (Aufgabe). 7 nicht leicht verständlich (Buch, Musik). 8 ernst, schwerwiegend (Krankheit, Vergehen, Problem). 9 bedrückt, belastet, kummervoll (Herz). 10 unheilvoll, unglücklich, kaum zu ertragen (Schicksal). 11 rauh, stark bewegt (See). 12 schwer verdaulich, gehaltvoll (Speisen, Wein) 12 (umgangssprachl.) beträchtlich (Menge). 14 sehr stark, viel.

Es folgen dann noch eine Reihe von Einzeleinträgen, die nicht sehr systematisiert sind. Aufgeführt wird u.a. schweres Amt, schwere Enttäuschung, schweres Wasser, schwer arbeiten, schwer bewaffnet, schwer verletzt usw.

Was hier von vornherein klar ist: Diese Art von Lesartendifferenzierung ist von der Bedeutungsdifferenzierung, die oben besprochen worden ist, unterschieden. Wenn schwer als synkategorematisches Adjektiv behandelt wird, so würde auf die Relativität des Gewichts von Gegenständen abgehoben und beispielsweise darauf hingewiesen, daß ein 'schwerer Hammer' etwas anderes bedeutet (im Sinne von 'ein anderes Gewicht hat') als etwa ein 'schwerer Lastzug'.

Ich schlage nun zunächst einmal vor, daß wir beide Arten der Bedeutungsdifferenzierung unter dem gemeinsamen Oberbegriff der Synkategorematizität fassen. Der Grund für diese Zusammenfassung liegt darin, daß wir, wie ich glaube, eine gemeinsame Struktur der Bedeutungsrealisierung ausmachen können. Während sich die Synkategorematizität in den zu Anfang diskutierten Fällen, bei groß und gut, einmal aus der Relativität von Normen und zum anderen aus den verschiedenen in den Objekten angelegten Standards ergaben, resultieren die unterschiedlichen Bedeutungen bei den Wörterbucheintragungen daraus, daß Gegenstände sozusagen 'Normaleigenschaften' haben. Will man im kommunikativen Prozeß das Vorliegen bzw. das Nicht-Vorliegen einer dieser Eigenschaften herausstellen, so eröffnet das Adjektiv die Möglichkeit der Kennzeichnung. - In einem Schema läßt sich dies so verdeutlichen:

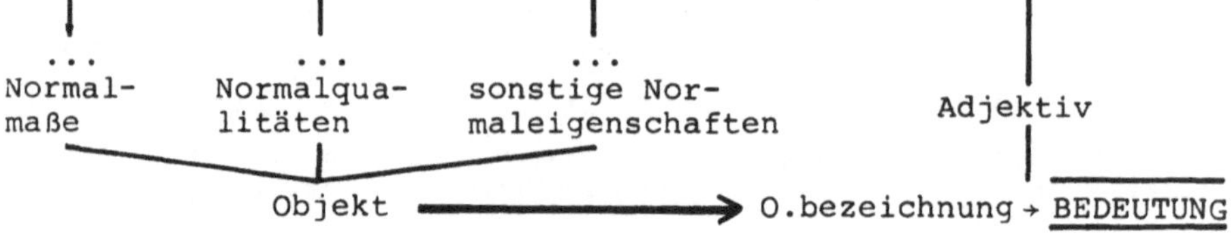

Ich muß nun zugeben, daß mit dieser Strukturanalyse leider auf zwei wichtige Fragen noch keine Antwort gegeben ist. Unklar ist, warum jeweils gerade die Eigenschaften von einem Adjektiv denotiert werden, die es nun einmal denotiert. Also: Warum gibt es im Deutschen die Kombination schwerer/leichter Unfall, und warum heißt es beispielsweise nicht harter/weicher Unfall? Warum haben wir den Ausdruck schwerer Wein und nicht starker Wein (während doch das Bier 'stark' ist)?

Finden wir auf diese Frage keine halbwegs befriedigende Antwort, so wird es uns vermutlich auch nicht gelingen, das zweite Problem zu lösen. Bei diesem Problem geht es darum, ein formales Verfahren zu entwickeln, mit dessen Hilfe eine formale Lesartenentdeckung erreicht werden kann. Die zweite Frage also: Wie muß ein solches Verfahren aufgebaut sein?

Vorab ist klar, daß es einen Standpunkt gibt, von dem aus betrachtet dieses zuletzt genannte Problem unsinnig ist. Wir können uns auf den Standpunkt stellen, daß die Zuordnung der Adjektive zu den jeweiligen Substantiven arbiträr ist. Daß es im Deutschen nicht starker Wein, sondern schwerer Wein heißt, wäre dann, zumindest auf der synchronen Ebene, zufällig. - Ich bin mir nun, wie ich zugeben muß, an diesem Punkt meiner Überlegungen nicht sicher, wie es sich verhält; ich bin mir also nicht sicher, ob der Arbitraritätsstandpunkt sinnvoll vertreten werden kann. Sicher bin ich mir hingegeben, daß, selbst wenn wir diesen Standpunkt vertreten wollten, noch nicht gesagt ist, daß j e g l i c h e s formale Verfahren der Lesartenfindung unmöglich ist.

3.2. Skizze eines formalen Verfahrens der Lesartenauffindung

Wenn wir ein solches Verfahren diskutieren, müssen wir uns zunächst knapp über die ganz generellen Zusammenhänge der Kollokabilität 'Adjektiv - Substantiv' verständigen. Der erste Befund, auf den man sich wohl einigen kann, besagt, daß, wenn wir einfach jedes Adjektiv mit jedem Substantiv kombinieren würden, nur wenige der Verbindungen überhaupt sinnvoll zu interpretieren wären.[5] Zwar gibt es, wie nicht anders zu erwarten, klare Fälle, in denen Substantiv und Adjektiv kollokabel bzw. nicht kollokabel sind; im übrigen ist diese Vorgehensweise jedoch ein sehr unökonomisches Verfahren.

Meine Überlegungen, die natürlich noch ausführlicher, als dies an dieser Stelle geschehen kann, überprüft werden müßten, gehen in die Richtung auf ein mehrschrittiges Verfahren, und ich möchte die einzelnen Schritte hier zunächst einmal umreißen:

1. Schritt: Gliederung der Entitäten, für die Objektbezeichnungen und Eigenschaftsbezeichnungen in der zu untersuchenden Sprache zur Verfügung stehen. Einfacher und konkreter gesagt: Wir brauchen zunächst eine Gliederung des Substantivwortschatzes, und wir müssen dann feststellen, welche Eigenschaften die Objekte haben können.

2. Schritt = erstes Zuordnungsverfahren: Hier würden die Adjektive, die nach Gruppen mit ungefähren 'wörtlichen Bedeutungen' geordnet sind, direkt auf die einzelnen Objektgruppen projiziert. Im Ergebnis erhält man die vorab wichtige Einteilung der nicht-metaphorischen Bedeutungsgruppen.[6]

3. Schritt = zweites Zuordnungsverfahren: Die Adjektive sind nach Gruppen zu ordnen, von denen bekannt ist, für welche 'metaphorisierenden Modifikationen' sie sich potentiell eignen. (Stark und schwer würden hier als Modifikatoren für den Bereich 'alkoholische Getränke' einzuordnen sein.) - Die Frage, inwieweit nun Einzelüberprüfungen vorgenommen werden müssen, hängt davon ab, wie weit eine zu entwickelnde Metaphorisierungstheorie Verallgemeinerungen zur Verfügung stellt.

4. Schritt: Um einen vierten und letzten Schritt der Überprüfung kommen wir schließlich doch nicht herum. Wir müssen echten Einzelfällen hinterherspüren. Daß es, neben dem 'brach liegenden Feld', 'brach liegende Talente' gibt, ist, wie ich denke, so ein Fall, bei dem es nicht mehr lohnt, nach theorieabgesicherten Verallgemeinerungen Ausschau zu halten.

3.3. Skizze einer Theorie der Lesartenabgrenzung

Wenn wir nach einem solchen vierschrittigen Verfahren vorgehen, ist eine der vorher gestellten Fragen noch nicht beantwortet. Wir wissen noch nicht, wieviele verschiedene Einträge wir jeweils für ein gegebenes Adjektiv ansetzen müssen. D.h. es ist unklar, wo im Einzelfall die Grenze zwischen Bedeutungsgleichheit und Bedeutungsverschiedenheit verläuft.

Zur Erläuterung des Problems einige Beispiele. In welchen der nachfolgenden Fälle sind gleiche bzw. verschiedene Lesarten des deutschen Adjektivs naß anzusetzen?

nasser/nasse/nasses

Augen	Haare	Kleid
Boden	Hände	Mann
Füße	Handtuch	Sommer
Grab	Hemd	Windeln
Gras	Hose	

Natürlich werden wir intuitiv sagen, daß nasse Augen, nasses Grab und nasser Sommer erst einmal gesondert aufzuführen sind, weil hier deutlich metaphorische Verwendungsweisen vorliegen. Es geht ums Weinen, um das Seemannsgrab auf hoher See und um einen Sommer, in dem es viel geregnet hat. Sind aber, wenn wir die anderen Beispiele betrachten, die 'nassen Füße' bereits repräsentiert, wenn wir die 'nassen Hände' aufgeführt haben? Und können diese beiden Lesarten (so es sich um verschiedene Lesarten handelt) durch nasses Handtuch und durch die hier auftretende Bedeutung von naß ersetzt werden?

Die Schwierigkeiten, die sich hier andeuten, liegen allesamt darin begründet, daß wir mit jeder der Substantiv-Adjektiv-Verbindungen eine Fülle von, wie wir sagen können: 'Wirklichkeitsassoziationen' verbinden. Jemand, der nasse Füße bekommen hat, ist durch den Regen gelaufen, seine Schuhe waren nicht dicht, und jetzt sind es, wie ein kompetenter Sprecher/Hörer weiß, vor allem seine Strümpfe, die naß sind. Wenn der Betreffende hingegen nasse Hände hat, dann hat er sich vermutlich soeben die Hände gewaschen, und naß sind nicht etwa - analog zu den nassen Strümpfen - seine Handschuhe, sondern die Hände selbst. Eine nasse Hose hat - vielleicht - entfernt mit nassen Windeln zu tun; der Ausdruck ein nasses Kleid erweckt diese Assoziation nicht. Vom 'nassen Gras' sprechen wir nach einem Regenguß, vor allem jedoch, wenn das Gras am Morgen noch feucht vom Tau ist. Ein nasses Hemd kann naßgeschwitzt sein, ein nasses Handtuch nicht. Und so weiter.

Sollen wir nun, weil wir, wenn von den genannten Adjektiv-Substantiv-Kombinationen die Rede ist, all das jeweils in unserer Vorstellung mitdenken können, immer wieder eine eigene Lesart ansetzen? Und wo wäre dann eine Grenze zu ziehen? - Ich glaube, daß wir hier, wenn wir einerseits nicht in uferlose Bereiche geraten und andererseits nicht mehr oder weniger beliebig nur Beispiele aneinanderreihen wollen, zu einem wiederum formalen Verfahren der Lesartenbestimmung und -begrenzung greifen müssen, und ich schlage vor, von einem zweifach gestuften Test auszugehen und nur dann, wenn beide Tests auf eine einzige Lesart hinweisen, von einer solchen einzigen Lesart auszugehen. Die beiden Tests in Stichworten: Ich schlage vor von einem Synonymentest und einem Antonymentest auszugehen.

S y n o n y m e n t e s t : Wenn ein Adjektiv in zwei (oder mehr) Kombinationen durch gleiche Synonyme ersetzt werden kann - wobei ich den Begriff 'Synonym' nicht allzu eng auffasse[7] - , so hat es in diesen Kombinationen den Test bestanden, und die verschiedenen Kombinationen zeigen das Adjektiv vorerst in ein und derselben Lesart.

A n t o n y m e n t e s t : Wenn dann noch die gleichen Antonyme eingesetzt werden können, wird formal von einer einheitlichen Lesart ausgegangen.

Wichtig, was den ersten der beiden Tests angeht, ist, daß nicht vollkommen ungebräuchliche oder idiosynkratische Synonyme und Paraphrasierungen gewählt werden, weil dadurch die Reichweite des Tests erheblich eingeschränkt würde.

Ich will nicht behaupten, daß auf diese Weise alle Probleme der Lesartenetablierung und -differenzierung gelöst werden können; ich glaube aber, daß so zumindest im Ansatz eine formale Behandlung des Lesartenproblems ermöglicht wird. (Für die angeführten Beispiele würden in Bestätigung des intuitiven Befundes die Kombinationen <u>nasse Augen</u>, <u>nasses Grab</u> und <u>nasser Sommer</u> eigene Lesarten von <u>naß</u> darstellen.)

4. Zusammenfassung der wichtigsten Fragen und Probleme

Ich möchte anstelle einer inhaltlichen Zusammenfassung dessen, was in diesem Paper vorgestellt worden ist, noch einmal die zentralen Fragen aufführen. Ich sehe insgesamt vier wichtige Problem- und Fragestellungen:

1. Können die Schwierigkeiten bei der Lesartenbestimmung von Adjektiven durch die Erläuterungen zur Synkategorematizität zumindest ansatzweise erklärt werden?

2. Besteht, wenn wir uns die Zusammenhänge, die im Abschnitt 3. vorgetragen worden sind, vor Augen führen, überhaupt die berechtigte Aussicht auf eine formal saubere Lösung des Problems der Lesartendifferenzierung? (Oder ist es sinnvoller, sich von vornherein auf die Intuition und nur auf die Intuition zu verlassen?)

3. Ist das viergestufte Zuordnungsverfahren, das unter 3.2. vorgeschlagen worden ist, ein Weg zur formalen Lesartenfindung? - Und schließlich:

4. Ist der kombinierte Synonymen-/Antonymentest, der in 3.3 erläutert worden ist, ein Mittel zur Entscheidung der Frage, welche Lesarten in einem Wörterbuch deshalb gesondert aufgeführt werden müssen, weil es 'echte Lesarten' sind?

Fußnoten

1. Eine eingehendere Darstellung der Gedanken von Katz und Williams habe ich an anderer Stelle gegeben. (Vgl. Zillig 1982: 65ff. u. 264ff.)
2. Diese Tatsache hat Williams (1975) dazu benutzt, um eine formale Unterscheidung zwischen synkategorematischen und kategorematischen Adjektiven zu entwickeln.
3. Es ist freilich klar, daß auf diese Weise die Problematik, die mit der Darstellung der Synkategorematizität ja gerade deutlich gemacht werden soll, in die semantische Paraphrase hineinverlagert würde.
4. Die nachfolgende Auflistung ist gegenüber den Belegen des Originals gekürzt, ohne daß dies im einzelnen angegeben ist.
5. Dabei muß freilich berücksichtigt werden, daß die kompetenten Sprecher/Hörer, die mit einer bestimmten Adjektiv-Substantiv-Kombination konfrontiert werden, auch dann nach Kontexten und Paraphrasen suchen, die diese Kombination sinnvoll machen, wenn die Verbindung auf den ersten Blick vollkommen unsinnig erscheint. - Hundsnurscher/Splett (1982: 58) haben im Rahmen einer breit angelegten Untersuchung zur Semantik der deutschen Adjektive im übrigen darauf hingewiesen, daß "nur ein verhältnismäßig kleiner Teil des Adjektivwortschatzes ... komplexe Polysemie [aufweist]". Nach Hundsnurscher/Splett liegt die Zahl der Adjektive, die mehr als vier Lesarten aufweisen, im Deutschen bei knapp über 300. Allerdings streuen einige der Adjektive, was die verschiedenen Lesarten angeht, auch besonders breit. So geben die Verf. für das Adjektiv <u>scharf</u> allein 66 Bedeutungspositionen an (vgl. Hundsnurscher/Splett 1982: 99ff.).
6. Natürlich ist es auch möglich, auf eine Trennung von wörtlicher und metaphorischer Bedeutung von Adjektiven überhaupt zu verzichten und nur jeweils unterschiedliche Lesarten anzunehmen. Geht man so vor, so wird allerdings die wichtige Frage der 'metaphorischen Produktivität' der Adjektive von vornherein ausgeklammert.
7. Hundsnurscher/Splett (1982) orientieren ihre semantische Gliederung der Adjektive vor allem daran, daß die verschiedenen zu Gruppen zusammengefaßten Adjektive zueinander im Verhältnis der 'Quasisynonymie' stehen; sie geben dann aber, wie das bereits erwähnte Analysebeispiel <u>scharf</u> zeigt, auch Antonyme mit an.

Bibliographie

Bierwisch M., Einige semantische Universalien in deutschen Adjektiven. In: Steger H. (Hg.), Vorschläge für eine strukturale Grammatik des Deutschen. Darmstadt, 1970, 269-318.

Hundsnurscher F./Splett J., Semantik der Adjektive des Deutschen - Analyse der semantischen Relationen. Opladen, 1982.

Katz J.J., Semantic theory and the meaning of 'good'. In: Journal of Philosophy 61/1964, 739-764.

Katz J.J., Philosophie der Sprache. Frankfurt/M., 1969.

Kutschera F. von, Sprachphilosophie. 2. Aufl. München, 1975.

Menne A., Einführung in die Logik. 2., überarb. Aufl. München, 1973.

Williams R.G., The logical forms of evaluative sentences - Some deep-structural models of evaluative discourse. Diss., Ann Arbor, Mich., 1975.

Zillig W., Bewerten - Sprechakttypen der bewertenden Rede. Tübingen, 1982.

4. TEXTLINGUISTIK UND FACHSPRACHEN

DIE ROLLE DES ADJEKTIVKONTEXTES BEIM ERKENNEN UND BEI DER REKONSTRUKTION DER METAPHORISCHEN PRÄDIKATION.

Sabine De Knop, Brüssel

0. Einführende Bemerkungen.

Wenn wir von der Idee von R. Jongen (1980) ausgehen, dass jede Metapher sich auf eine zugrundeliegende Prädikation in der Form A ist B zurückführen lässt[1], dann können wir uns mit einer linguistischen Analyse von Metaphern, die nur B, d.h. den metaphorischen Terminus (oder Vehikel) betrachten bzw. betonen würde, nicht zufriedengeben[2].

Aus dieser Annahme folgt, dass wir uns zu einer besseren Analyse des Phänomens Metapher mit folgenden Fragestellungen beschäftigen sollten :

1.- Einerseits sollen die b e i d e n der metaphorischen Prädikation konstitutiven Elemente - d.h. B, der metaphorische Terminus, aber auch A, der metaphorisierte Terminus - abgegrenzt, identifiziert und bezeichnet werden. Wie sind A und B syntaktisch innerhalb des Textes realisiert ?

2.- Andererseits will ich diese zu beschränkte Beschreibung durch eine Berücksichtigung der figurativen oder nicht figurativen Textelemente des syntaktischen Rahmens, in dem die Metapher vorkommt, erweitern : Sehr oft können metaphorische Beispiele nur dank Textfragmenten, die sich nicht auf die einzigen konstitutiven Elemente der Metapher begrenzen, identifiziert und abgegrenzt werden, wie aus folgenden Beispielen ersichtlich ist :

(1) Die Bonner Torjäger

(2) Der Handschuh der Seele

(3) Der tagespolitische Dreck der Epoche.

Auf den ersten Blick ist Beispiel (1) nicht metaphorisch. Erst bei der Lektüre des Textes kann festgestellt werden, dass der ganze Ausdruck ein metaphorischer Terminus für die Bonner Politiker im Wahlkampf ist. In (2) kann der

Kontext uns helfen zu bestimmen, ob es sich um einen partitiven Genitiv ('Die Seele hat einen Handschuh') oder um einen identifizierenden Genitiv ('Die Seele ist ein Handschuh') handelt. Das dritte Beispiel würden wir ohne Kontext wahrscheinlich als 'Der Dreck ist tagespolitisch' interpretieren. Der Kontext führt unsere Interpretation in eine andere Richtung : 'Die Tagespolitik ist Dreck'.

Diese wenigen Beispiele genügen, um die ausschlaggebende Rolle des Kontextes zu illustrieren : Der Kontext erlaubt es,

a) zu sagen, ob eine Metapher oder einfache Abweichung vorliegt,
b) zu präzisieren, ob eine Metapher oder wörtliche Rede (wie in Beispiel (1)) vorhanden ist,
c) unsere Interpretation von metaphorischen Beispielen zu orientieren und die zugrundeliegende Prädikation zu erkennen (Beispiele (2) und (3)).

1. Abgrenzung von A und B.

Obwohl diese beiden Fragestellungen für die Analyse und Beschreibung von Metaphern wesentliche Parameter sind, sind sie in der wissenschaftlichen Literatur kaum besprochen worden. C. Brooke-Rose (1958) und J. Tamine (1979), die in einer ähnlichen Richtung gearbeitet haben, haben sich hauptsächlich mit den syntaktischen Kategorien beschäftigt, sehr oft ohne dabei den syntaktischen Rahmen der metaphorischen Äusserung zu betrachten. Ein paar Schwierigkeiten, die mit der Beschreibung des metaphorischen Kontextes verbunden sind, können vielleicht begründen, warum diese Frage in der betreffenden theoretischen Literatur bisher vernachlässigt wurde.

1.1. Schon bei der blossen Identifizierung und Abgrenzung der Kontextelemente, die bei der Interpretation der metaphorischen Prädikation eine Rolle spielen, treten manche Fragen auf. Betrachten wir dazu folgende Beispiele parallel :

(4) Die Hausdächer sägen den Himmel

(5) Die Hausdächer sägen das Holz,

die wir wie folgt verstehen und analysieren können :

(4) § Die Hausdächer § *AB* sägen*AB* §den Himmel § [3]

N1 *V* *N2*

Versuchen wir die Inkompatibilität zwischen den zwei Gegenständen[4] a und b zu erfassen, dann können wir uns mit einer groben Beschreibung, die a und b für etwa 'Aktivität' halten würde, nicht zufriedengeben. Genau auf dieser Ebene kommt der Kontext ins Spiel : Die Inkompatibilität kommt bei den Argumenten, die dieses 'ACT' (= Aktivität) begleiten, deutlicher zum Ausdruck.

(4) a = ACT/N1-ARTEFACT-BUILDING + N2-COSMOS

b = ACT//N1-HUMAN + ARTEFACT

Zwei Arten von Argumenten sind zu unterscheiden : Einerseits solche, die im Kontext der metaphorischen Prädikation identifiziert sind (hinter einem Strich) und andererseits jene, die durch das Sprachzeichen selbst, sowie durch unsere enzyklopädische Kenntnis von diesem Sprachzeichen impliziert sind (hinter zwei Strichen). Wir wissen etwa, dass nur ein Mensch sägen kann und dass er dazu ein Artefact, und zwar eine Säge, benutzt. Im Kontext liegt als Urheber der Handlung 'sägen' ein Artefact aus der Bauwelt vor.

Rein linguistisch weist Beispiel (5) die gleiche Struktur wie Beispiel (4) auf :

(5) §Die Hausdächer § *AB*sägen das Holz*AB*

N1 *V* *N2*

Erst auf der Ebene der Argumente lässt sich der Unterschied zwischen (4) und (5) feststellen :

(5) a = ACT/N1-ARTEFACT-BUILDING

b = ACT//N2-HUMAN.

Die Inkompatibilität in (5) beschränkt sich auf das Subjekt, während in (4) auch das Objekt berücksichtigt werden soll.

1.2. Eine Schwierigkeit kommt bei der genauen Abgrenzung des Metaphorisierenden B vor. Ist etwa ein attributiv gebrauchtes Adjektiv Teil von B oder nur Kontext ? Ausgehend von dieser Art von Beispielen will ich im folgenden versuchen zu bestimmen, welche Elemente, die um die metaphorische Prädikation herum auftreten, welche kontextuellen Stellen besetzen können. Eine reduzierte Liste von Beispielen, in denen jeweils das Adjektiv <u>politisch</u> auftritt, kann die Stellen- und Rollendiversität teilweise veranschaulichen :

(3) Der *A*tagespolitische*A* *B*Dreck*B* der Epoche
attr. Adj. *N* *NGen.*
politisch ist Metaphorisiertes.

(6) *A*Anke Fuchs*A* gilt als *B*das*B* *C*politische*C* *B*Rückgrat*B*
N1 *attr. Adj.* *N*
politisch ist Korrektivelement von B.

(7) *A*Frömmigkeit*A* als *B*politisches Kapital*B*
Nl *attr. adj.* *N*
politisch ist Teil von B.

(8) *§*politischer*§* *B*Frühling*B*, zu verstehen als 'Frühling in der Politik', in der Politik gibt uns ein paar Hinweise auf den möglichen metaphorisierten Gegenstand.

2. Kontextuelle Rollen in der metaphorischen Prädikation.

Im folgenden beabsichtige ich, die möglichen kontextuellen Rollen zu illustrieren und zu besprechen, um zu versuchen, Kriterien herauszuarbeiten, die es ermöglichen sollen, die verschiedenen Kontextarten zu erfassen und besser zu unterscheiden. Dabei beziehe ich mich auf einen Korpus bestehend aus 'attributiv gebrauchtem Adjektiv + Nomen', der eine sehr grosse Diversität von zugrundeliegenden Strukturen aufweist.

2.1. Wenn wir annehmen, dass jedes metaphorische Beispiel sich auf eine identifizierende Struktur zurückführen lässt, dann können wir uns in manchen Beispielen fragen, wie wir zum metaphorisierten Gegenstand a gelangen. In der Tat, manche Beispiele sind durch das Fehlen eines A (also eines metaphorisierten Terminus) gekennzeichnet. In Beispiel (8) haben wir festgestellt, dass der Kontext eine Hilfe zur Enträtselung des zugrundeliegenden a sein kann. In der gleichen Weise ist aus folgenden Beispielen die wichtige Rolle des Kontextes ersichtlich : Bonner etwa in (1) Die Bonner Torjäger oder literarisch in (9) Ein literarisches Röntgenbild ermöglichen es, festzustellen, wo die Inkompatibilität - und weiter die Metapher - liegt und geben ein paar Hinweise zum möglichen a : (1) Die Politiker haben ihren Sitz in Bonn, (9) literarisch weist auf ein mögliches literarisches Stück hin, usw. Der Hörer/Leser kann anhand der attributiv gebrauchten Adjektive nicht g e n a u auf das a schliessen, seine Interpretation der Beispiele bleibt noch sehr offen, jedoch gelenkt.

2.2. Die Interpretation dieser soeben erwähnten Beispiele ist nicht zu verwechseln mit der der folgenden Beispiele, zu denen auch Beispiel (7) gehört. In letzteren liegt meistens ein metaphorisierter Terminus A vor, das Adjektiv ist Teil von B :

(10) Die Gesellschaft, ein künstlicher Zwerg.

(11) Die verkehrsreiche Strasse der Schule.

Durch das Adjektiv wird die Gegenstandsklasse, zu der b gehört, weiter eingeschränkt : Es wird behauptet, dass die Gesellschaft nicht irgendein Zwerg ist, sondern ein künstlicher (10), die Schule nicht irgendeine Strasse, sondern eine verkehrsreiche (11). Das Adjektiv hat restriktive Funktion. Ein linguistisches Argument, um zu behaupten, dass diese Adjektive Teile von B sind, könnte der mögliche Gebrauch der Formel 'nicht irgendein B, sondern ...', wie in den Paraphrasen der letzten Beispiele, sein.

2.3. Das das B-Nomen begleitende Adjektiv kann unsere Interpretation der Metapher in dem Sinne orientieren, als es einige Hinweise über mögliche gemeinsame Eigenschaften zwischen den Gegenständen a und b bietet. Es geht in diesen Fällen um das Tertium Comparationis oder zumindest Teile davon : In folgenden Beispielen <u>ungebärdig</u> oder <u>mol</u>,

(12) Stanislaus River, ein ungebärdiger Mustang.

(13) Le mol oreiller du structuralisme.

2.4. Unsere Interpretation kann auch durch kontextuelle Elemente orientiert sein, die Korrektionsfunktion des zu starken bzw. vom Metaphorisierten A zu weiten metaphorischen Terminus haben. Dies ist der Fall in Beispiel (6) oder in folgendem Beispiel :

(14) Der Dackel ist eine bellende Wurst[5].

Es gibt eine Unvereinbarkeit zwischen dem Kontext <u>politisch</u> oder <u>bellend</u> und B, <u>Rückgrat</u> oder <u>Wurst</u> (Ein Rückgrat ist nicht politisch und eine Wurst kann nicht bellen !). Dagegen gibt es Vereinbarkeit zwischen diesem Kontext und A in dem Sinne, dass die beiden Elemente zum gleichen onomasiologischen Paradigma gehören.

Diese Beispiele unterscheiden sich von denen des 2. Typs, in denen das Adjektiv Teil von B ist durch die Tatsache, dass das Korrektionselement eine inhärente Eigenschaft von a ist (in den oben erwähnten Fällen von Anke Fuchs und vom Dackel). In den Teil-von-B-Beispielen dagegen ist die Eigenschaft nicht inhärent : Die Schule kann verkehrsreich oder nicht verkehrsreich sein (11).

Darüberhinaus können manche Ausdrücke als Korrektionsindizien fungieren :

(6) Anke Fuchs ist ein Rückgrat, aber von der politischen Sorte.

(14) Der Dackel ist eine Wurst, aber eine bellende.

Die Termini mit, ohne, ... können auch manchmal als Indiz fungieren :

(14) Der Dackel ist eine Wurst, aber mit Pfoten.

2.5. Die proportionelle Metapher kommt in einem syntaktischen Rahmen vor, der dem von 'Metapher + Korrektiv' sehr ähnlich ist. Ein Beispiel wie (15) Der Arbeiter ist der Schwarze von Europa unterscheidet sich vom vorher beschriebenen Typ durch das Vorhandensein in der zugrundeliegenden Paraphrasierungsstruktur von vier Termini :

(15) $\frac{\text{Arbeiter}}{\text{Europa}} = \frac{\text{Schwarzer}}{\text{Amerika}}$

Die Identifizierung bezieht sich nicht auf Termini, sondern auf Beziehungen : Die vom Arbeiter zu Europa einerseits und andererseits die von Schwarzer zu Amerika[6]. Der vierte fehlende Terminus kann meistens leicht entdeckt werden[7]. Würden wir versuchen, Beispiel (14) auf die gleiche Struktur zurückzuführen, dann würden wir folgendes Ergebnis haben :

(14) $\frac{\text{Dackel}}{\text{bellen}} = \frac{\text{Wurst}}{\text{nicht bellen}}$

Der vierte Terminus (nicht bellen) kann erraten werden, er widerspiegelt jedoch keinen spezifischen Begriff, der nötig ist, wenn von 'Wurst' die Rede ist. Wahrscheinlich kann das begründen, warum kein eigener Terminus vorliegt, um diesen Gegenstand zu erfassen. Andererseits ist die Beziehung zwischen 'nicht bellen' und 'Wurst' so selbstverständlich, dass sie für die Sprachgemeinschaft uninteressant ist.

Der Unterschied zwischen diesen zwei Kontextarten (Korrektiv und proportionelle Metapher) lässt sich also durch die Notwendigkeit oder nicht-Notwendigkeit von Sprachzeichen, um Gegenstände oder Beziehungen zu bezeichnen, erklären.

2.6. Eine letzte Kontextart, auf die ich nicht näher eingehen werde, ist die fortgesetzte Metapher, die im folgenden illustriert ist :

(16) Wir haben nicht die Absicht, die Bettdecke dauernd offenzuhalten, dass die FDP ins Koalitionsbett springt.

3. Schluss.

Ausgehend von einem Korpus von metaphorischen Beispielen (attributiv gebrauchten Adjektiven + Nomen) ist einerseits deutlich geworden, dass eine Oberflächenstruktur verschiedenen metaphorischen Paraphrasen entsprechen kann ; andererseits, dass nur anhand des Kontextes festgestellt werden kann, welche Paraphrase zugrundeliegt[8]. Weitere Forschungen über das Phänomen 'Metapher' können den Kontext daher nicht unberücksichtigt lassen.

Anmerkungen

1. Diese Idee wurde schon von anderen Linguisten vertreten (etwa den Rhetorikern), Jongen behauptet aber, dass auch Verbmetaphern des Typs "Der Kommissar bellt" sich auf diese Struktur zurückführen lassen.
2. Solch eine Annahme bevorzugt die Ebene des Wortes auf Kosten der der Äusserung.
3. N1 steht für Subjekt, V für Verb, AB für metaphorischen Terminus mit impliziertem metaphorisiertem Terminus, § für Kontext und C für Korrektiv.
4. Der Terminus Gegenstand wird im weitesten Sinne gefasst : Gemeint sind auch Gefühle, Prozesse, Handlungen,... Die Gegenstände werden durch Kleinbuchstaben angegeben.
5. In diesem Beispiel kommt ein als Attribut gebrauchtes Partizip Präsens vor.
6. Ohne grösseren Kontext ist nicht genau festzustellen, ob der vierte Terminus wohl Amerika ist ; der Interpret könnte in diesem Fall auch Afrika angeben.
7. Siehe weiter dazu DE KNOP (1982).

8. Meistens soll ein grösserer Kontext als das einzige attributive Adjektiv betrachtet werden.

Literatur

Die politischen Beispiele stammen aus "Die Zeit" und "Die Welt", (1981-82).

Aarts J./Calbert J.P., Metaphor and Non-Metaphor. The Semantics of Adjective-Noun Combinations. Tübingen, 1979.

Brooke-Rose C., A Grammar of Metaphor. London, 1958.

Jongen R., La métaphore comme éponyme et comme prédication d'identité. In : Jongen, R. (ed.), La métaphore. Bruxelles, 1980.

De Knop S., Metaphernadjektive, keine Vergleichsadjektive. In : Detering K., Schmidt-Radefeldt J., Sucharowski W. (eds) Sprache beschreiben und erklären, Akten des 16. Linguistischen Kolloquiums, Kiel 1981. Tübingen, 1982.

Kubczak H., Die Metapher. Heidelberg, 1978.

Lüdi G., Die Metapher als Funktion der Aktualisierung. Bern, 1973.

Molino J./Soublin F./Tamine J., Problèmes de la métaphore. In : Langages 54/1979, 5-14.

Ortony A., The Role of Similarity in Similes and Metaphors. In Ortony A. (ed.), Metaphor and Thought. Cambridge, 1979.

Tamine J., Description syntaxique du sens figuré : la métaphore. (Thèse de doctorat ès Lettres) Paris, 1978.

Tamine J., Métaphore et syntaxe. In : Langages 54/1979, 65-83.

VERMITTLUNG ASPEKTUELLER INFORMATIONEN IN TEXTEN

Käthi Dorfmüller-Karpusa, Bielefeld

1. Aspektuelle Gegensätze

Gegenstand dieses Beitrags ist es, aspektuelle Informationen zu untersuchen, die in Texten durch Verben vermittelt werden. Bekanntlich wird diese Informationsvermittlung durch unterschiedliche Mittel in den verschiedenen Sprachen erreicht. Ich werde mich hier mit dem entsprechenden Instrumentarium der neugriechischen Sprache beschäftigen. In dieser Sprache werden die obengenannten Informationen untrennbar durch das Verb vermittelt. Denn im Griechischen referiert zwar das Verb auf die Zeit bzw. es lokalisiert den jeweils beschriebenen Sachverhalt auf der Zeitachse, hauptsächlich jedoch liefert das Verb aspektuelle Informationen.

Aspektuelle Gegensätze sind nicht selten subjektiv. Der Sprecher/Autor organisiert seinen Text gemäß seinem Standpunkt, von dem er die Sachverhalte betrachtet. Obwohl der Begriff 'Aspekt' als 'non deictic notion' bezeichnet wird, spricht einiges dafür, diesen bezüglich der Einstellung des Sprechers/Autors seinen zu beschreibenden Sachverhalten gegenüber als 'deiktisch' anzusehen. Betrachtet man die aus der Literatur bekannten Beispiele

(1) Βασίλευε τριάντα χρόνια.
/Er regierte als König dreißig Jahre./

(2) Βασίλεψε τριάντα χρόνια.
/Er regierte als König dreißig Jahre./

so wird deutlich, daß es sich trotz der unterschiedlichen Tempora, die in diesen Beispielsätzen verwendet werden, um einen einzigen Sachverhalt handelt, dem dieselben Korrelate zugeordnet werden könnten. Der Unterschied zwischen den zwei Äußerungen läßt sich folgendermaßen beschreiben: In (1) betrachtet der Sprecher den Sachverhalt in seiner Entwicklung. Dies kann implizieren, daß der Sprecher die verschiedenen Phasen des Sachverhalts interessiert betrachtet oder auch, daß er in diesen involviert ist. In (2) dagegen betrachtet der Sprecher den Sachverhalt als ein abgeschlossenes Ganzes ohne Länge auf der Zeitachse bzw. die Länge auf der

Zeitachse ist für den Sprecher irrelevant. Aus der Sicht des Sprechers könnten die 'dreißig Jahre' als ein Punkt verstanden werden. In beiden Beispielen handelt es sich um dasselbe Intervall der 'dreißig Jahre', in dem dieselbe Tätigkeit von derselben Person durchgeführt wird. Die Einstellung des Sprechers dem Sachverhalt oder genauer gesagt dem Ablauf des Sachverhalts gegenüber ist in den beiden Fällen unterschiedlich. Ein wichtiger Parameter für die jeweilige Äußerung ist die Sprechsituation, aus der diese Einstellung hervorgeht. Man könnte sich eine Reihe von Sprechsituationen vorstellen, in denen die eine oder die andere der beiden Äußerungen (1) und (2) adäquat wäre. Somit hat der Sprecher nicht immer die freie Wahl über die zu verwendenden Formen des Verbs. In vielen Fällen können die zu beschreibenden Sachverhalte nur unter Verwendung einer bestimmten Form zum Ausdruck kommen.

2. Perfektivität vs. Imperfektivität

Im Griechischen haben alle Verbformen einen aspektuellen Wert (Seiler 1952, Mirambel 1959). Die aspektuelle Beschreibung wird durch die zwei unterschiedlichen Stämme jedes einzelnen Verbs verwirklicht. Auf der Basis des Präsens-Stamms wird eine Reihe von Verbformen gebildet (Tempora, Modi). Ähnliches geschieht mit dem Aorist-Stamm.

Die Existenz der zwei präteritalen Formen des Verbs (Aorist vs. Imperfekt), die ich hier untersuchen werde, wie auch der zwei Futur-Formen (punktuelles vs. kontinuierliches Futur) des Verbs im Neugriechischen spricht dafür, daß abgesehen von der deiktischen Funktion, d.h. von der Funktion des Lokalisators auf der Zeitachse, alle diese Tempora gemäß dem jeweiligen Stamm als Vermittler aspektueller Informationen fungieren.

Eine in der Literatur verbreitete Auffassung ist folgende: Ein Sachverhalt wird als 'perfektiv' beschrieben, wenn er als ein einziges Ganzes empfunden wird, ohne Berücksichtigung seiner verschiedenen Phasen. Dagegen wird ein Sachverhalt als 'imperfektiv' beschrieben, wenn der Sprecher die innere Struktur dieses Sachverhalts berücksichtigt.

Eine präzisere, operationale Festlegung, die ich hier vorschlagen möchte, unterscheidet eine 'imperfektive' von einer 'perfektiven' Sachverhaltsbeschreibung dadurch, daß im ersten Fall ein Referenzsachverhalt gefunden werden kann, der innerhalb des 'imperfektiv' beschriebenen Sachverhalts liegt, während im zweiten Fall dies nicht möglich ist.

Diese Festlegung der beiden Aspekte, 'perfektiv' vs. 'imperfektiv', stellt den Versuch dar, diese Begriffe aus einer rein semantischen Sicht zu betrachten und somit eine eindeutige Zuordnung eines textualisierten Sachverhalts zu einem der beiden Aspekte zu ermöglichen. Allerdings wird damit das Problem nicht aus der Welt geschaffen, sondern auf die Suche nach dem Referenzsachverhalt R verlagert, welcher die geforderte Bedingung erfüllt. D.h. die Frage stellt sich, ob es möglich ist, einen plausiblen Referenzsachverhalt R zu finden, der außerhalb bzw. nicht außerhalb des Intervalls des zu untersuchenden Sachverhalts E liegt, wenn man weiß, daß der Sachverhalt E 'perfektiv' bzw. 'imperfektiv' textualisiert ist (Abb. 1, 2a, 2b).

Abb. 1 

Abb. 2a 

Abb. 2b 

Diese letztere Kenntnis über den Aspekt, in dem E ausgedrückt ist, ist in solchen Sprachen eindeutig, in denen, wie z.B. im Russischen, im Alt- und Neugriechischen oder auch in den Romanischen Sprachen, der Aspekt grammatikalisiert/lexikalisiert und somit eindeutig erkennbar ist. In anderen Sprachen, wie z.B. im Deutschen, ist man für die Erkennung der aspektuellen Informationen auf kotextuelle Informationen angewiesen.

Schon durch die Notation E ('point of event') und R ('point of reference') der auf der Zeitachse lokalisierten Sachverhalte möchte ich andeuten, daß Ausgang meiner Überlegungen das Reichenbachsche drei-Punkt-System war. Allerdings erfordert die hier diskutierte Problematik die Verwendung von Intervallen an Stelle von Punkten.

H. Reichenbach (1947) und vor ihm O. Jespersen (1924) hatten eine Analyse der Tempora unternommen, ausgehend von den Relationen zwischen dem 'point of event', dem 'point of speech' und dem 'point of reference'.

Neben der Lage des 'point of event' in bezug auf das 'point of speech' bestimmt auch die Lage des 'point of reference' das zu verwendende Tempus.

Während die Relationen auf der Zeitachse zwischen den oben genannten drei Punkten bzw. Intervallen der Sachverhalte S, E, R die Verwendung der Tempora bestimmen, ist für die Bestimmung des Aspekts die Relation zwischen den zwei Punkten bzw. Intervallen R und E entscheidend. Diese Zusammenhänge werden durch das folgende Schema (Abb. 3) verdeutlicht:

Abb. 3

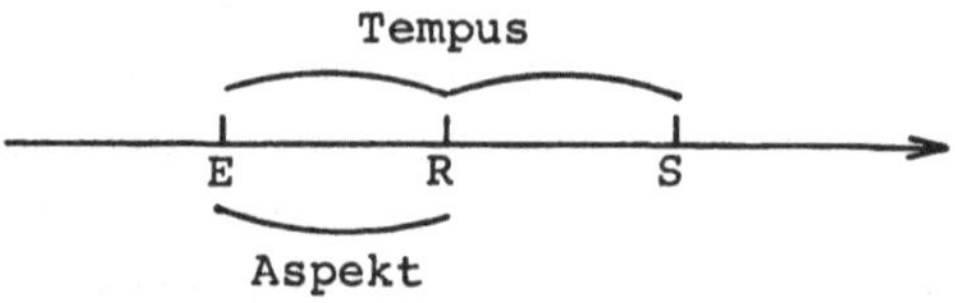

Dadurch erklärt sich die oft vertretene Meinung, daß aspektuelle Informationen keine 'deiktische' Funktion haben, denn diese hängen nicht von der Lokalisierung des Sprechaktes ab. Allerdings spricht Heger in diesem Zusammenhang von 'innerer Deixis' (Heger 1963).

Unabhängig vom Sprechintervall lokalisiert der Sprecher das 'point of reference' R auf die Zeitachse entweder innerhalb des von ihm beschriebenen Sachverhalts E oder außerhalb von diesem. Durch diese Lokalisierung manifestiert er seine 'imperfektive' oder 'perfektive' Betrachtung des betreffenden Sachverhalts, d.h. den 'imperfektiven' oder 'perfektiven' Aspekt.

2.1. Perfektiver Aorist

Durch die oben gegebenen Beispiele

(1) Βασίλευε τριάντα χρόνια.
/Er regierte als König dreißig Jahre./

(2) Βασίλεψε τριάντα χρόνια.
/Er regierte als König dreißig Jahre./

wird der falsche Eindruck korrigiert, daß durch 'perfektive' Formen Sachverhalte von kurzer Dauer beschrieben werden, hingegen durch 'imperfektive' Formen Sachverhalte von langer Dauer.

Ebenfalls wird dadurch die Behauptung widerlegt, daß durch 'perfektive' Formen, in diesem Fall durch den Aorist, Sachverhalte beschrieben werden, die in einem begrenzten Intervall der Fall sind, im Gegensatz zu einem unbegrenzten Intervall, das durch 'imperfektive' Formen zum Ausdruck kommt.

In Verbindung mit der Auffassung, daß die Kürze des Intervalls durch eine 'perfektive' Form zum Ausdruck kommt, muß man auch die Charakterisierung dieses Tempus als 'punktuelle' oder 'momentane' Sachverhalte beschreibend betrachten.

Die Eigenschaft des Aorists, quasi punktuelle Sachverhalte zu beschreiben folgt daraus, daß bei Verwendung dieses Tempus die innere Struktur eines Sachverhalts als irrelevant angesehen wird und nicht zum Ausdruck kommt. Somit wird der Eindruck gewonnen, als sei das Intervall, in dem der beschriebene Sachverhalt der Fall ist, lediglich ein Punkt auf der Zeitachse.

B. Comrie findet anstatt der Punktualität, die durch 'perfektive' Formen vorgetäuscht wird, folgende Metapher zutreffend:

> Since the notion of a point seems to preclude internal complexity, a more helpful metaphor would perhaps be to say that the perfective reduces a situation to a blob, rather than to a point: a blob is a threedimensional object, and can therefore have internal complexity, although it is nonetheless a single object with clearly circumscribed limits. (Comrie 1976).

Eine weitere Eigenschaft, die dem Aorist zugesprochen wird, besteht darin, Sachverhalte als abgeschlossen, vollendet in der Vergangenheit zu beschreiben.

Wenn wir jedoch annehmen, daß Sachverhalte eine innere Struktur haben, d.h. einen Anfang, eine Mitte und ein Ende, scheint es nicht immer der Fall zu sein, daß durch den Aorist die Vollendung (die Abgeschlossenheit) aller drei Phasen beschrieben wird. Dies wird durch folgende Beispiele demonstriert:

(3) 'Ενῶ ὁ Γιῶργος ἄκουγε (imperf.Imp.) εἰδήσεις, κοιμήθηκε (perf.Aor.).
/Während Georg Nachrichten hörte, schlief er ein./

Abb. 4

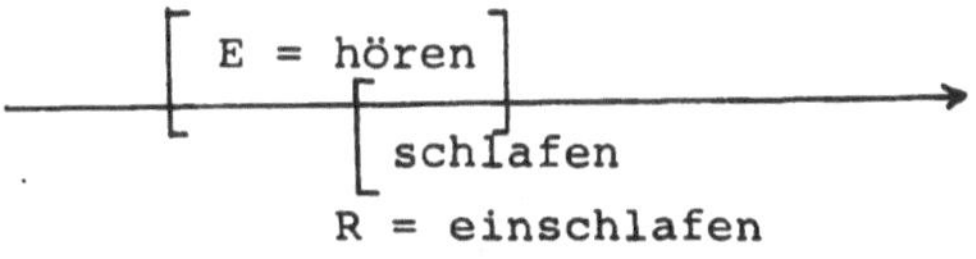

Durch den Aorist 'κοιμήθηκε' wird hier lediglich die erste Phase bzw. der Beginn des Vorgangs 'schlafen' als vollendet beschrieben. Ob dieser Vorgang dauerte, oder ob er durch einen anderen, nämlich durch das 'Aufwachen' zu Ende ging, wird als irrelevant nicht beschrieben. Durch die deutsche Übersetzung kommt dieses Problem nicht zum Ausdruck, denn das Verb 'einschlafen' beschreibt den Anfang des Vorgangs/Zustands des 'Schlafens'. Es muß hier erwähnt werden, daß es für die Beschreibung des Anfangs dieses Vorgangs auch im Neugriechischen das entsprechende Verb gibt, nämlich 'ἀποκοιμοῦμαι'/ich schlafe ein/.

Durch das folgende Beispiel wird eher die Vollendung der mittleren Phase eines Vorgangs beschrieben:

(4) Τήν ἐποχή πού ὁ Ἀχιλλέας σπούδαζε (imperf.Imp.) στό Παρίσι ἔζησε (perf.Aor.) σάν καλόγερος.
/In der Zeit, als Achill in Paris studierte, lebte er wie ein Mönch./

Abb. 5

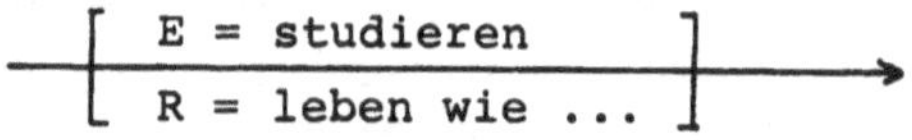

Hier, meine ich, wird weder auf den Anfang noch auf den Endpunkt des 'mönchhaften Lebens' referiert.

Durch das folgende Beispiel wird die Vollendung des Endes eines Vorgangs beschrieben:

(5) Ὁ Θεμιστοκλῆς ἔμαθε (perf.Aor.) γαλλικά, τήν ἐποχή πού ζοῦσε (imperf.Imp.) ἐξόριστος στή Μακρόνησο.
/Themistokles hat französisch gelernt in der Zeit, als er verbannt auf Makronisos lebte./

Abb. 6

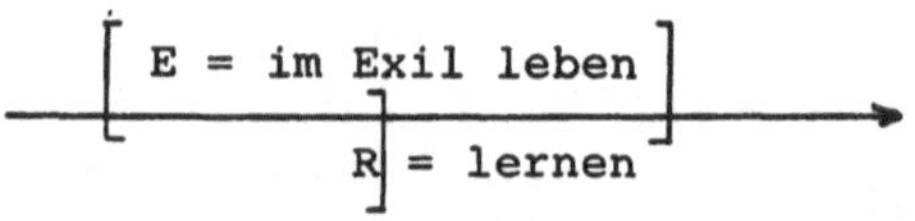

Das Empfinden über dieses vollendete Ende des Vorgangs hat mich veranlaßt, in der deutschen Übersetzung das Tempus Perfekt zu verwenden.

Durch die drei oben erwähnten Beispiele habe ich versucht zu demonstrieren, daß der Aorist nicht unbedingt einen in der Vergangenheit abgeschlossenen Sachverhalt beschreibt, sondern auch den abgeschlossenen Teil eines Sachverhalts.

Daraus folgt, daß, wenn der Anfang eines Sachverhalts als in der Vergangenheit abgeschlossen beschrieben wird, es ohne weiteres möglich ist, daß dieser Sachverhalt fortdauert und in dem Kommunikationsintervall der Fall ist. Diese Tatsache hat zu dem Irrtum beigetragen, daß der Aorist atemporal sei.

2.2. Imperfektives Imperfekt

Ein Sachverhalt, sei er kontinuierlich oder intermittierend, dessen innere temporale Struktur in sequenziellen Phasen zum Ausdruck kommen soll, wird durch das Imperfekt beschrieben. Ein so beschriebener Sachverhalt ist, wie bereits erwähnt, dadurch gekennzeichnet, daß innerhalb des Intervalls, in dem dieser der Fall ist, mindestens ein explizit beschriebener oder implizit angedeuteter Referenzsachverhalt der Fall ist.

Das folgende Beispiel illustriert dieses Phänomen:

(6) Ἐνῶ βασίλευε (imperf.Imp.) ὁ Οἰδίποδας,
ξέσπασε (perf.Aor.) ὁ λοιμός.
/Während Ödipus als König regierte,
brach die Seuche aus./

Hieraus geht klar hervor, daß das 'Ausbrechen der Seuche' eine bestimmte Phase der langen Herrschaft von Ödipus über Theben darstellt. Die Hervorhebung dieser Phase durch den Referenzsachverhalt 'brach aus' führt zu der Notwendigkeit, das Imperfekt 'βασίλευε' zu verwenden.

Der Referenzsachverhalt ist allerdings nicht notwendigerweise immer explizit in dem gleichen Satz manifestiert. Vielmehr ist er häufig explizit oder implizit im Kotext zu finden. Das Imperfekt im folgenden Beispiel

(7) Ἔγραφε (imperf.Imp.) ἕνα ποίημα.
/Er schrieb ein Gedicht./

ist zu verstehen, wenn dieser Satz etwa als Antwort auf die Frage

(8) Τί ἔκανε (imperf.Imp.) ὁ Ρίτσος, ὅταν
τόν συνέλαβαν (perf.Aor.);
/Was machte Ritsos, als er verhaftet
wurde?/

geäußert wird. Der Referenzsachverhalt ist in diesem Fall in der Frage zu suchen.

Die Verwendung der beiden Tempora, Aorist und Imperfekt,

gibt dem griechischen Sprecher die Möglichkeit, differenzierte Überlappungsrelationen mit größerer Ökonomie zum Ausdruck zu bringen.

Folgende Beispiele, in denen nicht alle möglichen Kombinationen des Aorists und des Imperfekts für zwei Sachverhaltsbeschreibungen vorkommen, illustrieren die Wirkung des Aspekts auf die temporale Beschreibung:

(9a) Ὁ Ἀλέξανδρος διάβασε (perf.Aor.) τόν Ὅμηρο, ὅταν ἡ ἀδερφή του ἔβλεπε (imperf.Imp.) τό φίλμ.
/Alexander las Homer, als seine Schwester den Film sah, der vor dem Lesen begann und nach dem Lesen aufhörte./

(9b) Ὁ Ἀλέξανδρος διάβαζε (imperf.Imp.) τόν Ὅμηρο, ὅταν ἡ ἀδερφή του εἶδε (perf.Aor.) τό φίλμ.
/Alexander las Homer, als seine Schwester den Film sah, der nach dem Anfang des Lesens anfing und vor dem Ende des Lesens aufhörte./

3. Aspektuelle Makrorelationen

Wenn man mit Texten operiert, wird die Notwendigkeit der Koexistenz der zwei aspektuell unterschiedlichen Beschreibungen von Sachverhalten (Imperfekt, Aorist) deutlich. Denn nach zwei, höchstens drei Sachverhaltsbeschreibungen im Imperfekt kommt die Referenz-Pointe im Aorist zum Ausdruck (Weinrich 1964).

Ebenso ist auf der Textebene bei einem 'imperfektiv' beschriebenen Sachverhalt die Lokalisierung von mehreren Referenzsachverhalten innerhalb seines Intervalls möglich.

Da jedoch die morphologischen Mittel für die aspektuellen Informationen hauptsächlich satzbezogen sind, müssen für das Verstehen von aspektuellen Textrelationen noch stärker das Allgemeinwissen sowie die Kontext- und Kotextkenntnisse mobilisiert werden. Denn ein 'perfektiv' beschriebener Sachverhalt kann in einem weiteren Satz als 'imperfektiv' beschrieben werden. Der 'perfektive' und 'imperfektive' Aspekt einer Sachverhaltsbeschreibung bringt eine Einstellung des Autors dem beschriebenen Sachverhalt gegenüber zum Ausdruck. Diese Einstellung kann sich innerhalb des Textes ändern. Dies stört den Interpreten nicht, denn von dem Moment an, in dem er dem zu interpretierenden Text ein Korrelat zuordnen kann, hat er bereits mit den Intervallrelationen der beschriebenen Sachverhalte operiert bzw. sie konsistent organisiert.

Um den 'imperfektiven' Aspekt zu begründen, ist es erforderlich, daß neben der temporalen auch eine gewisse inhaltliche Beziehung zwischen beiden Sachverhalten R und E besteht. Nur dadurch ist es möglich, den ersten Sachverhalt als Referenzpunkt des zweiten anzusehen und somit dessen 'imperfektiven' Aspekt zu begründen. Bei Sachverhalten, bei denen es nur schwer oder gar nicht möglich ist, eine solche inhaltliche Beziehung aufzufinden bzw. herzustellen, ist es entsprechend schwierig, den Referenzpunkt festzulegen.

So ist es bei deutlich kohärenten Texten in der Regel möglich, mehrere Referenzpunkte auszumachen, die den 'imperfektiven' Aspekt von Sachverhaltsbeschreibungen, besonders solchen mit längerer Dauer, begründen (Dorfmüller-Karpusa 1982).

Zusammenfassend ist noch zu sagen, daß bei Sprachen, die den 'perfektiven' bzw. 'imperfektiven' Aspekt markieren, es Aufgabe des Sprechers ist, seine aspektuelle Interpretation durch dieses Mittel zum Ausdruck zu bringen. Dagegen obliegt bei Sprachen, die keine aspektuelle Markierung kennen, dem Hörer eine gewichtigere interpretative Aufgabe. Diese zunächst scharf formulierte Unterscheidung ist allerdings insofern zu relativieren, als der Sprecher in beiden Fällen seinen Text im Hinblick auf Referenzpunkte organisiert.

Bibliographie

Comrie, B., Aspekt. Cambridge - London - New York - Melbourne, 1976.

Dorfmüller-Karpusa, K., Temporalität, Theorie, Allgemeinwissen. Eine sprachübergreifende Untersuchung. Hamburg, 1983.

Heger, K., Die Bezeichnung temporal-deiktischer Begriffskategorien im französischen und spanischen Konjugationssystem. Tübingen, 1963.

Jespersen, O., The Philosophy of Grammar. London, 1924.

Mirambel, A., La langue grecque moderne. Description et Analyse. Paris, 1959.

Reichenbach, H., Elements of Symbolic Logic. London, 1947

Seiler, H., L'aspect et le temps dans le verbe néo-grec. Paris, 1952.

Weinrich, H., Tempus. Besprochene und erzählte Welt. Stuttgart - Berlin - Köln - Mainz, 1964.

THE LANGUAGE OF SCIENCE FICTION

Hartwig Eckert, Ronald Turnbull, Flensburg

One of the points we wish to make in this paper is that classifying a sentence as well-formed is not always based solely on what we believe to be purely linguistic rules of the language concerned but is often due to lack of imagination or to the adherence to only one universe of discourse.

1a) "... there is something right about saying that unimaginability is a criterion for nonsensicality." (Wittgenstein 1967, Zettel 263)

b) "... to imagine a language means to imagine a form of life." (Wittgenstein 1953 § 19)

For the testing of statements on unimaginability there are presumably few types of texts better suited than science fiction (SF) texts, whose very purpose it is to stretch the imagination. SF texts presuppose a special set of beliefs and certain speaker-hearer or author-reader assumptions.

2) "Sentence meaning and word meaning will be thought of in terms of conditions for appropriate use, and thus implications of sentences will be characterised not as a property of the sentence itself but as a presupposition on the part of a speaker using that sentence, a requisite set of beliefs if the speaker is to use the sentence appropiately." (Kempson 1977, p. 54)

The same rhetorical figures, the same sentences etc. will be interpreted differently depending on these assumptions. Consider, for example, the following short passage:

3) 'Six pints of bitter,' said Ford Prefect to the barman of the Horse and Groom. 'And quickly please, the world's about to end'... So the barman said, 'Oh yes sir? Nice weather for it,' and started pulling pints. (Adams 1979, p. 21)

If this is taken to be non-SF literature or so-called mundane literature we will know that the author expects us to consider Ford Prefect potty, or excentric, or a religious fanatic. As we know, however, that this is an excerpt from 'The Hitch Hiker's Guide to the Galaxy' we feel sorry for the barman who cannot be persuaded to face the 'truth'.

The difference in universe of discourse does not only affect our interpretation of the plot itself, but sometimes also our linguistic judgements as to what represents an acceptable or unacceptable utterance. We presented the sentences under 4) to our students, who are all involved in TEFL.

4 a) The baby boy kissed his ageing daughter.
b) Mother went to hospital to be repaired.
c) The lion lost one of his middle legs.
d) He decided to eat five ideas before he went to sleep.
e) Come out of Africa into the kitchen.
f) Time ended there five months ago.
g) The universe disappeared.
h) Not tomorrow, darling. Remember, I don't exist on Thursdays.
i) I have lived, on and off, for thirty years.
j) I was there tomorrow.

Our students, as TEFL students, rejected these sentences as not well-formed and as violating various linguistic rules. When asked to consider them in the light of SF they changed their minds and accepted most of these sentences quite readily. Obviously the linguist cannot and should not try to alter or influence his informants' beliefs. But simply by using different genres one can usually get the informants to engage in a different language game with different rules, not only semantic ones, including semantic features, presuppositions, implicatures etc., but also grammatical ones like the usage of tenses. As SF appears to have far-reaching consequences both for the interpretation of the plot and for our linguistic judgements, it is necessary to look into the characteristics of SF as a genre. M. Holquist defined utopia as the extension of those moments when we say 'What if ...' and he called utopias the literature of the 'subjunctive mood', which is used here as metaphor for alternative worlds. Most attempts at formal definitions of SF have run into all kinds of problems, notably those of delimitation with mundane fiction, and this is why Delany claims

5) "A more fruitful way to characterize the distinction between genres is to view it as a set of distinctions between reading protocols, between ways of reading, between ways of responding to sentences, between ways of making various sentences and various texts make sense. The genre is not a set of texts or of rhetorical figures but rather a reading protocol complex: different genres involve different complexes. ... And here is a general

description of _one_ aspect of the reading protocols which make up the genre of contemporary SF: much of the significance of the SF story will manifest itself in the alternative workings of the world in which the characters maneuver. Therefore we will pay particular attention to the rhetorical figures by which differences between our world and the world of the story are suggested."
(S. Delany 1981, p. 235 and 236)

For the appreciation of SF we have to recognize three levels: the plot of the SF story, the empirical world, and the fictitious world that the author creates. Delany refers to this as the trivalency of SF:

6) "The s-f text speaks inward, of course, as do the texts of mundane fiction, to create a subject (characters, plot, theme...). It also speaks outward to create a world, a world in a dialogue with the real. And, of course, the real world speaks inward to construct its dialogue with both. ... there _are_ three different discourses involved ...." (Delany 1978, p. 58)

When the author creates the fictitious world there must of necessity be an information deficit, because each new item derives its meaning from its opposition to related items within the whole system or paradigm. But as the reader is just being introduced to the fictitious, unfamiliar world this paradigm is missing.

7) "While reading SF, one slowly drifts from the narrative sequence as such (syntagm) to these illusory general systems (paradigms). The notion of paradigm must here be enlarged to encompass a full array of semiotic configurations, not limited to linguistic structures. For example: SF characters ... are never individuals but representatives of a group or species. ... The reader of a realistic novel proceeds from the general (the commonplace, the ideological _topos_)to the particular (the specific plot governed by this ideological structure). The SF reader follows the reverse path: he induces from the particular some imagined, general rules. ... The reader engages in a conjectural reconstruction which "materializes" the fictional universe." (M. Angenot 1979, p. 15)

In their attempts to come to terms with the absent paradigm SF writers have adopted two extreme methods. a) They have taken full advantage of it and left a great deal to the reader's imagination. For example, they introduced neologisms that remained unexplained and that were merely used as methods of estrangement and as semiotic signs of the genre. These neologisms have no meaning as such for the reader but simply carry the message of futurity. The semiotics of these 'meaningless' neologisms can perhaps best be explained by an analogy: a foreign accent does not have any meaning as such, but it does convey information that helps us to place the origin of that individual. b) The other extreme tries to provide the missing paradigm by introducing new conventions.

8) "The use of conventions and stereotypes in science fiction ... forms part of a wider phenomenon, that of intertextual reference, which substantially qualifies the autonomy of the paradigmatic world set up by each individual text. Michel Butor has suggested ... that SF writers should collaborate in developing a 'collective myth' of the future which would exert a constraining power over the individual writer's imagination." (Parrinder 1980, p. 115)

The majority of SF writers we happen to be familiar with seem to have adopted these collective myths of either utopia or dystopia with modifications of their own. One may ask, then, what is the point of substituting one set of conventions for another one? P. Annas gives a rather convincing answer to this problem.

9) "SF as a genre ... allows idea to become flesh, abstraction to become concrete, imaginative extrapolation to become aesthetic reality. It allows the writer to create and the reader to experience and recreate a new or transformed world based on a set of assumptions different from those we usually accept. ... through working out in concrete terms philosophical and political assumptions, it allows the reader to take back into her or his own life new possibilities. There is a dialectical relationship between the world and its imaginative and ideational reconstructions in the creations of the mind. The artist says for us what we almost knew and defamiliarizes what we thought we knew." (Annas 1978, P. 145 f)

The technique which allows 'idea to become flesh' is, of course, not restricted to SF. It is, nevertheless so typical of this genre that it has led to an enormous number of neologisms, some of which have found their way into everyday usage. A linguistic analysis of this literary technique might involve the following four steps:

A. The formulation of the 'idea', of socio-ideological aspects, e. g. technology out of control; depersonalization etc.
B. The isolation of the relevant semantic components, as for instance 'organic vs artefact'.
C. The author creates new entities or creatures and coins new words for them. This process may involve disjunction with regard to the components under B., which would yield

'automaton', 'robot' etc. as opposed to 'human', or conjunction, as in the case of 'bionic woman', 'android', 'gynoid', etc.

D. In addition to the analysis of new lexemes we can now study other linguistic consequences of this process, such as collocations, selection restrictions and emotional overtones. The deixis of English forces us to distinguish between 'he, she, it' even in those cases - like "androids" - where we might prefer not to make this distinction. Collocations such as 'Marvin, the paranoid android', 'Place of birth and manufacture', 'Are you injured or damaged' and the ambiguity of 'I'm going to meet my maker' illustrate that the distinction drawn under B. has become blurred.

Without going into details here, we would just like to list a few more examples of this kind:

I. A. Braking up social forms like the family; conformity.
   B. 'borne and conceived of woman' vs 'genetically engineered humans'.
   C. 'Human clones'
   D. Certain converse relationships do not necessarily hold true any more; e. g. 'father' does not necessarily imply 'mother'

II. A. Exploitation and degradation of the working class, the underprivileged etc.
   B. 'alive' vs 'dead'
   C. 'zombies'
   D. 'The living dead'

III. A. The feminist movement; sexual polarization vs harmony.
   B. 'male' vs 'female'
   C. 'androgyne', 'androgyny'. In some of Ursula le Guin's fiction sex warfare has become superseded by the combination of male and female in one being or by the asexuality of the 'Esthaans'.
   D. This involves problems of deixis and renders a considerable part of our vocabulary meaningless in that society.

IV. A. The relationship between creator and the created; free will vs determinism; mind vs matter.
   B. Concrete vs abstract; synthetic (consciousness) vs human (consciousness)
   C. S. Lem's 'personoids' are computer programs that behave like individuals and lead lives of their own. Their creator is the computer programmer, and their 'universe' is the computer itself and thus they do not know, as Barnouw (1979, p. 159) puts it, "the difference between that which can be physically constructed and that which can be mathematically thought."
   D. Within this universe of discourse, where being is thinking, individuals can be switched on and off and sentences like 4h) and i) would be acceptable.

So far we have mainly talked about the dialogue between author and reader (for the dialogues between earthlings and aliens see Krueger 1968 and Meyers 1980) and how language may help to achieve effects of alienation or estrangement to force the reader to adopt a new point of view of familiar problems. Some of the topoi mentioned above have become an established part of the set of beliefs in SF. We would now like to turn to the more problematic aspects of logical impossibilities in the collective myth of this genre. We would like to argue that SF authors have quite willingly fallen into the semantic traps set up for them by the language. One generally accepted myth is that of time travel, chronomotion, chronotopes etc. (Cf. 4 a, j). The word 'travel' leads us to believe that diachronic journeys imply an infinite number of synchronic slices of the universe, which coexist like places in 3dimensional space. SF authors have run into, or indeed sought for, all sorts of difficulties or impossibilities, notably those of the time loop: After having given birth to a child a girl undergoes a sexchange. The new individual travels back in time as a man, meets herself (or should we say 'himself'?), makes love to the girl he once was and begets the aforementioned child. Or consider the time traveller who kills his mother as a young woman before the traveller himself had been conceived. SF seems to rejoice in these language games with 'time' and 'travel', games that ultimately lead to what N. Fisk has termed 'circular insanity'.

Another semantic trap SF authors have fallen into is the 'black hole' (no pun intended). These are stars with such a density and gravitational force that nothing, not even light, can escape from them. The term 'black hole' is thus a metaphor for a star that does not emit or reflect light and that has fallen inside its own event horizon. This point is missed completely by the Disney version of 'Black Hole' and numerous authors who assume that if we call this phenomenon a hole then it must be possible to travel through it. Most SF authors have not even attempted to come to terms with the linguistic problems involved in saying that a star has fallen inside its own 'event horizon'. Kaufmann (1980, p. 86) defines this term as "a 'horizon' in the geometry of space and time beyond which you cannot see any 'events'. You have no way of knowing what's happening inside an event horizon. You cannot communicate with anyone on the other side of an event horizon. It is a place disconnected from our space and time. It is not part of our universe." The phenomenon of the black hole might make 4 f) and g) acceptable.

One final example may suffice to illustrate areas in which SF has reached or overstepped the acceptable limits of the language. 'Hyperspace' in SF is usually defined as something beyond our space in which all places and all points in time have become merged. If your spaceship happens to be equipped with 'hyperdrive' you can enter hyperspace, stay in it, and are then free to decide on a time and a place where you want to reenter space. The semiotic sign of entering hyperspace in SF films is a quick turn of the zoom lens. In the written medium hyperspace is treated - linguistically at least - just like 3dimensional space: one 'enters into' it, 'moves about' in it and 'leaves' it, i. e. the verbs of locomotion are used, which would appear to be contradiction in terms in view of the definition of hyperspace. It is true, though, that the reader is never allowed to follow the protagonist into it. The linearity of language does not permit us to express an experience in hyperspace, where our concept of time is not applicable. In his parody of SF D. Adams (1979) has carried this notion to its logical (or perhaps better illogical) extreme.

10) "The Infinite Improbability Drive is a wonderful new method of crossing vast interstellar distances in a mere nothingth of a second, without all that tedious mucking about in hyperspace." (p. 68)

'Infinite Improbability' is, of course, just a different way of expressing impossibility. The notions of time travel, hyperspace etc. constitute an essential part of SF, as they allow the authors to make a point by creating a new world, albeit at a very high price in the case of these concepts.

11) "For what does it mean: "to discover that a sentence does not make sense?" And what does this mean: "If I mean something by it, surely it must make sense?" The first presumably means: not to be misled by the

appearance of a sentence and to investigate its application in the language game." (Wittgenstein 1967, Zettel 247)

References

Adams, Douglas (1979) The Hitch Hiker's Guide to the Galaxy. London: Pan Books.

Angenot, Marc (1979) "The Absent Paradigm: An Introduction to the Semiotics of Science Fiction." Science-Fiction-Studies, 6: 9 - 19.

Annas, Pamela J. (1978) "New Worlds: Androgyny in Feminist Science Fiction." Science-Fiction Studies 5: 143 - 156

Barnouw, Dagmar (1979) "Science Fiction as a Model for Probabilistic Worlds: Stanislaw Lem's Fantastic Empiricism" (Science Fiction Studies 6: 153-163

Delany Samuel R. (1978) The American Shore N.Y.: Dragon Press.

— (1981) "Some Reflections on SF criticism." Science-Fiction Studies 8: 233 - 239

Kaufmann, William J. (1980) Black Holes and Warped Space Time. N. Y.: Bantham Books.

Kempson, Ruth (1977): Semantic Theory. Cambridge: Cambridge University Press

Krueger, John R. (1968) "Language and Techniques of Communication as Theme or Tool in Science Fiction" Linguistics XXXIX: 68 - 86

Meyers, Walter E. (1980) Aliens and Linguists. Athens: University of Georgia Press

Parrinder, Patrick (1980) Science Fiction: Its Criticism and Teaching. London: Methuen.

Wittgenstein, Ludwig (1953): Philosophical Investigations. Oxford: Blackwells.

— (1967) Zettel. Oxford: Blackwells.

RECIPES AS TEXTS: TECHNICAL LANGUAGE IN THE KITCHEN

Neal R. Norrick, Kassel

1. Introduction: Why study recipes?

This section serves both as a justification for studying recipes as texts and a sketchy overview of linguistic work concerning recipes to date.

Hayakawa (1972: 158) writes that recipes are the best everyday examples of operational definitions: if you follow a recipe, you produce the dish it 'defines'. In everyday circumstances ostensive definitions and definitions via paraphrase or synonyms are more common than relatively unwieldy operational definitions. So recipes are of interest as rare instances of everyday operational definitions.

As classified in Crystal/Davy (1969: 241) the recipe is a written set of instructions. Sager/Dungworth/McDonald (1980: 118 ff., 134 ff.) consider the recipe a schedule of operations in their taxonomy of major text types, while Gläser (1979: 156) terms the recipe a set of goal-oriented behavioral rules in the general class of immediately directive technical texts. But however classified, the recipe counts as a special written text type to be investigated among other text types.

Moreover, the recipe instances a technical text, as Gläser's (1979) classification claims. In Streven's (1973) terms, it counts as a true technical text, as opposed to a scientific or a technological text. So the recipe is of interest as an example of a special purpose text not entirely within the bounds of the general or core language.

2. A definition of the recipe

This section provides a working definition of the recipe which differentiates it from all other text types. My orientation is toward recipes typical in language and structure with the understanding that aberrations may occur in individual cases.

2.1. Bipartite structure

Recipes typically consist of two separate parts: a schedule of items (LIST) and a schedule of operations (STEPS); if the LIST is integrated into the STEPS as in the Fannie Farmer Cookbook (1959), the items are set off from the STEPS visually by typeface and arrangement on the page. This bipartite structure differentiates the recipe from pure LISTS like a role of members, a bibliography or a shopping list, but also from pure STEPS like a mathematical algorithm, a trouble shooter's guide or a set of instructions on how to play chess. It also flies in the face of the unqualified classification of the recipe among other schedules of operations as in Sager/Dungworth/McDonald (1980: 118 ff.).

The LIST names only the ingredients required in the STEPS, but not the tools. This differentiates the recipe from schedules with a LIST including both components (COMPLIST) and tools (TOOLLIST) needed, e.g. knitting patterns, chemical laboratory instructions, macramé instructions.

The LIST is further incomplete, inexact and inconsistent: it often fails to mention such basic supplies as water, oil, flour; it names inexact quantities like 1 slice (ham), a few grains (of salt), (oregano) to taste; and these coexist with quantities in various, partially incompatible, measuring systems, e.g. 1 teaspoon, 2 cups, 2 lbs.; see § 4.2.1. These properties differentiate the recipe from texts with complete, exact, consistent LISTs, e.g. assembly instructions, pharmacist's prescriptions, knitting patterns.

The STEPS of a recipe are not strictly ordered to conform to the order of operations they describe. Recipes are intended to be pre-read; see § 3.2.3 below. This differentiates the recipe from schedules of strictly chronologically ordered STEPS like mathematical algorithms and most sets of instructions on how to do X.

2.2. Edible product

Recipes are schedules of STEPS for producing an edible product (PRODUCT). This differentiates them from all other schedules, except perhaps sets of instructions on how to dry herbs, how to grow onions etc.

2.3. Picture

Recipes often appear with a picture of the dish they yield, their PRODUCT. But they seem not to appear with diagrams or tables, although either of these might appear in a special section of a complete cookbook to illustrate cooking operations, serving suggestions, to present nutritional information etc. This differentiates recipes from sets of instructions typically containing diagrams or tables, but also from those with pictures of their materials or STEPS or anything besides their PRODUCT, e.g. sewing and knitting patterns, many sets of instructions on how to X.

3. Structural analysis

3.1. Bipartite LIST-STEPS structure

First, bipartite LIST-STEPS structure is the most obvious visual characteristic of the recipe as it appears on the written page.

Second, the LIST introduces referential expressions accepted as identified in the STEPS. So the STEPS exhibit cohesion with the LIST, due either to (i) direct repetition from the LIST as in recipe A, sentence (3) flour (see Appendix following Bibliography for recipes A-C), to (ii) elliptic identification as in A (2) onion for chopped onion, to (iii) composite identification with a cover term as in B (4) cheeses for Emmenthaler cheese and Parmesan cheese, to (iv) a synonym as in A (1) meat for round steak, or even to (v) a verb implying ingredients as in A (6) season implying salt and pepper.

Third, as one follows the recipe, individual ingredients from the LIST combine to yield intermediate PRODUCTS. These are named and treated henceforth just like ingredients in the LIST itself, as if the names of the component ingredients were erased from the LIST and replaced by the name of the new compound intermediate PRODUCT. So following the recipe amounts to progressively revising the LIST in the direction of ever larger ingredients. Thus: B (4) Shread and mix cheeses describes the processes which yield the cheese mixture mentioned in B (10). After following the instructions B (7)-(9), one has produced the sauce required for the operation described in B (11), and so on.

The same effect can be achieved by including processed ingredients in the LIST itself; and some recipes make use of this technique as well, e.g. A (LIST) chopped onion and B (LIST) clove garlic, crushed. Again recipe B could have named cooked, chopped spinach, cooked lasagna, and shredded, mixed cheeses directly in its LIST, rather than the raw ingredients and the operations leading to these intermediate PRODUCTS in STEPS (1), (2), (4), (6). This would simplify the STEPS and the whole recipe in appearance, but neither one with respect to the total work required. In fact, it would increase the effort demanded of the user in failing to indicate the correct order of operations. It would force the user to pre-read and plan more carefully than B itself does, because B proceeds from raw ingredients systematically to ever complexer PRODUCTS.

So there is a partial trade-off relation between the LIST and the STEPS of a recipe, to the degree that the LIST can name ingredients which themselves derive from other recipes. As an extreme example, a recipe for Mornay sauce might name finished Béchamel sauce as an ingredient along with egg yolks, cream, cheese and nutmeg. This would paradoxically entail that the recipe for Mornay sauce is simpler than that for Béchamel sauce, although it presupposes the latter entire.

3.2. Syntax of the STEPS

First, the STEPS of a recipe characteristically take the form of subjectless, verb-initial imperative sentences. The user himself fills the role of the addressee, the one to carry out the operations described. As examples consider A (1) Cut meat...

(2) Heat meat... (3) Stir in flour. Gläser (1979: 156-57) contrasts this form with that of German recipes, which often introduce the imperative with an object or modifier, e.g. Pfifferlinge putzen und mit kaltem Wasser gründlich abspülen. Auf einem Sieb abtropfen lassen (Menü. Vol. 7: 273).

But other types of sentences also occur in recipes, especially extraneous to the STEPS proper. One might find any type of sentence in the informative introduction to a recipe, e.g. the simple present tense assertion in C (1) This is a recipe used... Parenthetical remarks among the STEPS are also usually present tense assertions, e.g. C (3) The liquid is not used... Serving suggestions and notes appearing above the LIST or at the end of the recipe are commonly not imperatives either, and they are often elliptical. They often take the form of subjectless assertions with understood reference to the PRODUCT of the recipe, e.g. A: (makes 6 servings); C (8) Makes about 8 quarts. The copula is may even be dropped along with the subject NP as in B (14) Good with green salad...; but cf. C (7).

In fact the ellipsis of sentence constituents turns out to be a characteristic feature of recipe syntax. Besides dropping subject NPs referring to the PRODUCT, recipe sentences often drop object NPs understood as referring to ingredients or intermediate PRODUCTS just identified, e.g. the cream mentioned in B (7) is the understood object of remove in B (8) Remove from heat... The understood object of sprinkle in B (12) is the PRODUCT of the whole recipe to that point, in particular to that defined by B (11).

Short of dropping the entire direct object NP from a sentence, recipes show a tendency to drop the definite article from direct object NPs where the noun does appear, e.g. A (1) Cut meat... (2) Heat meat...; B (1) Clean and cook spinach. (2) Cook lasagna...

Ellipsis of definite articles in direct object NPs or of entire direct object NPs is standard in all the recipes I have investigated, and this includes British, North American, French, German and Italian examples, but it seems not to be customary in other sets of instructions e.g. for making a phone call or playing an instrument, not even in those with a bipartite LIST-STEPS structure like assembly instructions, macramé manuals etc. Perhaps ellipsis should be included in the description of the recipe as a defining criterion.

It is also important to note that the order of the STEPS themselves does not correspond directly to the order of the operations they describe. In fact one cannot correctly follow a recipe simply by performing each STEP as it appears in the top-to-bottom, left-to-right written form.

For one thing, there are descriptions like C (6) Pour into sterilized bottles and seal, where the sterilizing must precede the pouring in time.

For another thing, there are instructions such as B (13) Place in a pre-heated oven at 200° C, where the pre-heating should probably be initiated between STEPs (9) and (10). And serving information as in B (14), cooking time as in A (7) and yield as in C (8) generally appear at the end of a recipe, although the user must consider such matters before beginning.

An experienced cook will check the LIST, serving information and yield before even shopping, and the cooking time before planning the order of operations he intends to follow himself, especially as he will usually be preparing several separate dishes at the same time. Recipes are intended to give all the information a competent cook requires to prepare the dish in question, but not in the order in which he needs it; recipes are intended to be pre-read. And pre-reading is regularly advised in cookbooks (e.g. Fannie Farmer Cookbook 1959: 1).

4. Recipes as technical texts

Hüllen (1981: 19o ff.) notes that texts in a special language are characterized primarily by a set of presuppositions of "knowledge and skills" on the part of the user (cf. Quirk 1962: 171 ff.; Sager/Dungworth/McDonald 1980: 68-69). And this holds true for recipes. They presuppose not only the user's knowledge of technical verbs like blanch, scald, purée, but also his ability to carry out the operations they describe.

Recipes further standardly presuppose a complex set of tools and basic ingredients besides the "knowledge and skills" Hüllen mentions. I want to consider the presuppositions of recipes in the following § 4.1., before turning to technical vocabulary proper in § 4.2.

4.1. Presuppositions of recipes

Unlike knitting patterns and most other sets of instructions for making things, recipes usually include no mention of tools. They typically contain no TOOLLIST alongside the COMPLIST, as noted above in § 2.1.

Recipes presuppose equipment ranging from a stove and refrigerator through knives and bowls to a pastry tube or a jelly bag as in C (2). These tools may be named outright like the skillet in A (2), but they are often only implied in the description of the operations to be performed, e.g. a lid for the skillet in A (7) Cover... and a knife in A (1). Even the LIST of a recipe may presuppose tools, e.g. a knife or food chopper for the chopped onion in A, a garlic press for the crushed garlic clove in C.

Recipes further presuppose certain basic supplies such as water, flour and salt. Recall the comments on the incompleteness of the COMPLIST in many recipes from § 2.1.1. Besides the water needed for washing, blanching and boiling, water for loosening pan juices, thinning sauces and doughs, brushing on rolls etc. is not generally mentioned in the LIST of the recipe. Flour used in rolling out dough does not usually appear in the LIST, and flour for thickening sauces need not appear either. The same holds for salt in water for boiling, in salads, in sauces etc.

In general one can say that a recipe presupposes a competent cook in a well-appointed, well-stocked kitchen.

4.2. Technical vocabulary

Part of being a competent cook is knowing the meanings of a whole set of technical terms found in recipes. Many cookbooks contain sections defining the various operations the recipes in them require (cf. American Woman's Cookbook 1942: 1-3) and magazines concerned with cookery often run a standard column on special terms (cf. "Küchenlatein" in Meine Familie und ich).

First, there are special terms referring to the various weights and measures in recipes. The words teaspoon, tablespoon, cup, pinch etc. express meanings in recipes quite different from their everyday meanings in other contexts; hence the vocabulary of recipes is distinct from that of general English (pace Gläser 1979: 156; cf. below). Some of these terms group together into hierarchical systems which are peculiar to recipes, e.g. teaspoon, tablespoon, cup, while others are generally used, e.g. ounce, pound, and still others belong to no system at all, e.g. pinch, dash, knob (of solid fat).

This extreme variation in the specification of quantities is characteristic for recipes. And in addition to the more or less well-defined sorts of measures mentioned so far, one finds such incongruous specifications as 6 slices; 1 medium (onion); a few grains (of salt); a slow oven; according to taste etc. (cf. Gläser 1979: 156).

Second, recipes often contain technical terms such as blanch, braise, marinate, sautée; cf. Lehrer (1968) for an analysis of verbs naming cooking methods. The experienced cook knows how to perform the operations these verbs name, but those who cook little or not at all probably will not be familiar with most of the terms or the operations. The terms do not belong to general English (again pace Gläser 1979: 156).

Nor does it suffice alone to be able to assign operations to the terms, since they often have complex implications and selection restrictions. Thus, parboil implies that the food will be cooked further in a later STEP. Braise applies only to meats; blanch only to vegetables and fruits. Bake and roast both mean 'heat in oven' but bake selects as direct objects only NPs naming bread, pastry, casseroles and ham, while roast selects direct object NPs naming meats other than ham.

To summarize § 4. as a whole, we have seen that (1) recipes presuppose a reader with technical knowledge and skills, with a well-appointed and well-stocked kitchen; (2) recipes contain technical vocabulary (i) for widely diverse, partially systematized and somewhat incongruous measures, (ii) for special cooking operations. These characteristics necessitate the classification of recipes as technical texts separate from general English.

Bibliography

Crystal D./Davy D., Investigating English style. London, 1969.

Gläser R., Fachstile des Englischen. Leipzig, 1979.

Hayakawa S.I., Language in thought and action. New York, 1972.

Hüllen W., On defining and describing 'special language'. In: Esser J./Hübler A. (eds.), Forms and functions. Tübingen, 1981, 185-196.

Lehrer A., Semantic cuisine. In: Journal of Linguistics, 5/1968, 39-55.

Quirk R., The use of English. London, 1962.

Sager J.C./Dungworth D./McDonald P.F., English special languages. Wiesbaden, 1980.

Strevens P.D., Technical, technological and scientific English. In: English Language Teaching, 27/1973, 223-234.

Appendix: Three Recipes

A: Beef Stroganoff (Wine Cookery the Easy Way: 9)

(Makes 6 Servings)

2 lbs round steak, 1/4 inch thick, 2 T butter, 2 T chopped onion, 2 T flour, 1/2 C sherry, salt and pepper, 1 (8-oz.) can sliced mushrooms, 1 pint sour creme, 2 T tomato paste, 1/2 t paprika

(1) Cut meat across the grain in strips the width of a pencil and about 1 1/2 inches long. (2) Heat meat with butter and onion in skillet until meat is no longer pink. (3) Stir in flour; (4) add sherry. (5) Cook, stirring constantly, until sauce boils and thickens. (6) Season. (7) Cover and cook very slowly, stirring frequently for about 1 hour or until meat is tender. (8) Add remaining ingredients; (9) heat, blend well, adjust seasoning.

B: Parma Rolls (Lisa Knaupp)

1 kg spinach, salt, 1 T oil, 25 g butter, 14 pieces lasagna, 150 g Emmenthaler cheese, 1oo g Parmesan cheese, 6 slices cooked ham, 6 slices Gruyère cheese, 6 slices Parma ham, 1/2 l sweet cream, 3 egg yolks, white pepper, nutmeg

(1) Clean and cook spinach. (2) Cook lasagna till rollable in water with salt und oil: (3) put broken pieces in bottom of buttered casserole. (4) Shread and mix cheeses. (5) Roll 1 slice of cooked ham and 1 slice of Gruyère in each of 6 unbroken, cooked lasagna pieces with a slice of Parma ham around each roll. (6) Chop the spinach. (7) Boil the cream in a pot for 5 min. (8) Remove from heat and mix thoroughly with egg yolks. (9) Add spices. (10) Spread half the spinach on the noodles in the casserole, and 1/3 of the cheese mixture on top. (11) Order lasagna rolls in casserole, then cover with spinach, cheese mixture and finally, sauce. (12) Sprinkle with rest of cheese mixture. (13) Place in pre-heated oven at 200° C. for about 70 min. (14) Good with green salad, white bread and light red wine.

C: Cold Tomato Catchup (American Woman's Cookbook, 1942: 699)

1 peck tomatoes, 1 pint vinegar, 2 T salt, 2 t pepper, 1 clove garlic, crushed, 1 t allspice, 1 t cloves

(1) This is a recipe used in the kitchen of General Washington. (2) Wash the tomatoes and force through a wire sieve, then strain through a jelly bag. (3) The liquid is not used in the catchup, but may be used as tomato juice. (4) Thin the pulp with the vinegar. (5) Season with salt, pepper, garlic, allspice and cloves. (6) Pour into sterilized bottles and seal. (7) This catchup retains the taste of the fresh tomatoes and is an excellent flavoring for soups and sauces. (8) Makes about 4 quarts.

LES DESIGNATIONS DE MALADIES DANS LE CONTE DE GIANNI RODARI: "C'ERA DUE VOLTE IL BARONE LAMBERTO" UN EXEMPLE D'APPLICATION DE LA LINGUISTIQUE TEXTUELLE

Luzian Okon, Minusio/Locarno

1. Tandis que François Rabelais est considéré absolument et pleinement comme un auteur comique, et ceci depuis Heinrich SCHNEEGANS (1894) jusqu'à Michael BACHTIN (1968), un conteur contemporain, tel que Gianni RODARI (1978), n'est comique que partiellement, dans son conte "C'era due volte il barone Lamberto".

2. Nous nous proposons une analyse de quelques passages comiques de ce conte, dans le cadre de la linguistique textuelle. Il s'agira notamment de trois pages (éditions Einaudi, Gli Struzzi, 160, pp. 13-16) où sont évoquées et enumérées les maladies du protagoniste, de façon très burlesque; ces quelques pages nous font penser immédiatement à la première scène du "Malade imaginaire" de Molière.

3. Il y a onze ans, Kenneth L. PIKE (1971: 145-146) déplorait encore l'absence d'une linguistique textuelle, en ces termes:

> Linguistics in the past three decades made its most striking progress by dealing with units no larger than sentences: with sounds (especially since Sapir, 1925, in his Selected Writings 33-45), with significant parts of words, i.e., morphemes (especially since Harris, 1942a), and with sentences (e.g. Bloomfield, 1933a, who adopted his sentence definition from Meillet - see Bloomfield 1926: 154). Study of the structure of large language units has been left largely to the students of literature.

Dix ans plus tard, cette constatation est incontestablement périmée, après les contributions, dans le domaine de la linguistique textuelle, de Harald WEINRICH (1976), M.A.K. HALLIDAY - Ruquaiya HASAN (1976), Siegfried J. SCHMIDT (1975). C'est en 1970 déjà que Julia KRISTEVA a posé le problème du texte, de l'unité textuelle plus précisément, dans le cadre de la sémiotique et aussi de la grammaire transformationnelle.

4. Quels sont les objectifs et les axiomes de la linguistique textuelle ? Harald WEINRICH (1976: 186)[1] précise que le point de départ de toute réflexion linguistique devrait être le texte. Contrairement à la linguistique traditionnelle dont la gamme "classique" à parcourir s'étend depuis l'élément le plus petit (phonème, morphème) jusqu'à la phrase, jusqu'à la syntaxe, sans pour autant arriver jusqu'à l'unité plus grande du texte qu'elle relègue au domaine de la stylistique, la linguistique textuelle commence par l'analyse du texte, pour en revenir aux éléments.

Qu'implique la notion de texte ? Selon M.A.K. HALLIDAY et Ruquaiya HASAN (1976: 1), le texte est tout d'abord une unité de langage bien circonscrite: "A text is a unit of language in use". Et les deux auteurs précisent tout de suite que l'unité est d'ordre sémantique: "A text is best regarded as a semantic unit: a unit not of form but of meaning" (1976: 2). (cfr. Michael GREGORY - Susanne CARROLL 1978: 87). Vers la fin de leur contribution, ils précisent une deuxième fois, tout en insistant sur la notion de sémantique: "A text, we have suggested, is not just a string of sentences... A text is best thought of not as a grammatical unit at all, but rather as a unit of a different kind: a semantic unit" (1976: 293). Le texte est à la fois quelque chose de bien circonscrit, limité par rapport à son contexte, avec lequel il fait contraste, visiblement, et sur le plan référentiel: "It derives this texture from the fact that it functions as a unity with respect to its environment" (1976: 2). Le texte est une unité opérationnelle et fonctionnelle, par rapport au contexte, confirment encore les deux auteurs: "Any piece of language that is operational, functioning as a unity in some context or situation, constitutes a text" (1976: 293). Un linguistique allemand, Siegfried J. SCHMIDT (1975: 30), enchaîne avec la dernière définition de Halliday et Hasan et insiste sur le caractère essentiellement fonctionnel de tout texte : "Text im hier entwickelten Zusammenhang (ist) immer: Aeusserungsmenge-in-Funktion".

Il est évident que dans le petit conte de Gianni RODARI que nous proposons comme exemple d'analyse, il y a quelques textes, quelques séquences comiques, burlesques même, qui se détachent de leur contexte neutre, sérieux, descriptif, narratif. Un conte, une fable (Geschichte, Erzählung, Fabel, Märchen) représentent, par définition, un ouvrage épique, narratif, de caractère "subjectif" et impressionniste, et ne comportent pas d'emblée un caractère comique. Nous renvoyons d'ailleurs aux définitions de Egon WERLICH (1975: 71) et à son tableau synoptique"[2].

5. Qu'il nous soit permis de présenter notre auteur et de lui assigner une place dans la littérature italienne contemporaine.

Tout d'abord, nous ne partageons pas du tout les remarques récentes de Volker KAPP (1982: 62) sur la littérature italienne contemporaine dont la marque serait "gepflegtes Mittelmass", les seuls auteurs vraiment remarquables de l'Italie moderne et contemporaine étant Italo Svevo et Carlo Emilio Gadda[3]. Le jugement qu'il porte sur cette littérature, nous paraît simpliste et brutal à la fois. Certes, l'innovation du Nouveau Roman fait défaut en Italie, et les romans restent classiques par leur "plot"; ceci est valable pour Alberto Bevilacqua aussi bien que pour des mineurs, comme Gina Lagorio. Mais il est manifeste que la littérature contemporaine en Italie a connu une revalorisation de la fantaisie. Il ne faut penser qu'à Dino Buzzati ('Il deserto dei Tartari'), à Italo Calvino ('Il barone rampante'), et, finalement, à Gianni Rodari, dont le 'Barone Lamberto' enchaîne avec les deux autres romans, et ceci par les protagonistes qui sont, tous les trois, des excentriques, mais aussi par leur caractère absolument fantaisiste. Umberto ECO (1979: 21) parle, à ce propos, de "Inferences by intertextual frames", puisqu'il faut constater certaines analogies de ces trois romans. "No text is read independently of the reader's experience of other texts", nous suggère Umberto ECO (1979: 21), et les liens entre les trois romans s'imposent. L'Italie contemporaine a créé une littérature opulente du rêve, de la fantaisie, apparemment à l'écart du monde réel, mais cette littérature se fait en même temps une littérature de protestation sociale. D'après Italo A. CHIUSANO (1980: 2521), Gianni Rodari fait partie de ce groupe de romanciers et s'adresse, par l'intermédiaire de son 'Barone Lamberto', surtout aux adultes, "per rivolgere un furbesco, ammicante, satirico discorso agli adulti". Ses premières publications étaient consacrées, par contre, aux enfants, surtout le recueil 'Filastrocche in cielo e in terra'.

6. "C'era due volte il barone Lamberto" est à la fois un conte plaisant, un conte (pseudo-)historique et un conte partiellement merveilleux. Pour cette définition, nous empruntons la terminologie d'un critique littéraire anglais qui (en se basant sur des réflexions de Diderot) propose, à tour de rôle, les trois termes suivants:

pour conte plaisant: fantasy, fairy tale
pour conte historique: lifelike, realistic story
pour conte merveilleux: larger-than-life type of fiction
(Vivienne MYLNE 1965: 194-195).

A notre avis, tous les trois éléments se retrouvent dans notre conte. Dans ce conte, on nous présente un vieillard et ses manières de se comporter assez bizarres, et ceci <u>amuse</u> le lecteur. Mais on nous présente quelquefois aussi les moindres <u>détails</u> de son existence dans l'Ile de San Giulio, au Lac d'Orta, et ce sont les éléments "lifelike". Finalement, on nous raconte qu'il a dépassé l'âge de 90 ans, mais un jour il rajeunit, il redevient un garçon de 16 ans, et ceci est un élément merveilleux ("larger-than-life").

Le conte commence tout à fait normalement, sur un ton neutre, il nous indique le lieu où habite notre vieillard, mais tout de suite Rodari précise qu'il a 24 banques en Italie et qu'il a 24 maladies.

7. Le troisième chapitre du conte nous transporte dans un <u>cabinet médical</u>, mais cette ambiance, au lieu de nous faire souffrir, nous fait rire. <u>L'unité sémantique</u> de ce texte spécifique est double: tout d'abord, ce texte bien délimité (pp. 15-17) est médical, et même très minutieusement médical, et deuxièmement, il est hautement comique. Le comique est triple: il existe sur le plan phonétique - asma, arterioscle-

rosi, artrosi deformante; sur le plan lexical - fagocitare fagociti - où il se base sur l'énumération très détaillée des maladies du vieillard qui finit par se faire absurde, ou presque:

il sistema scheletrico
il sistema muscolare
il sistema nervoso
l'apparato digerente
l'apparato circolatorio
i vasi linfatici
le ghiandole endocrine
il sistema riproduttivo

C'est que le majordome Anselmo examine, ausculte avec une hyperprécision toutes les parties du corps de son maître, surtout aussi les oreilles. Et finalement, le comique est aussi un comique d'incohérence: comment un domestique, même cultivé, serait-il réellement en mesure de remplacer un médecin ? Lui, qui n'a jamais fait d'études de médecine, connaît, en plus, les anatomistes les plus anciens: Varolio (1543-1575), Malpighi (1628-1694), Eustachio (naissance inconnue, mort en 1574). C'est la médecine qui, malgré les soins et le sérieux du domestique, est systématiquement déformée, raillée, dégradée. Et finalement, le vieillard se déclare guéri...

Nous pensons, donc, qu'il s'agit nettement d'un petit texte, d'une séquence, comique et burlesque, qui se détache de son contexte plutôt sérieux, même s'il est quelquefois amusant.

8. C'est un devoir d'un critique littéraire de chercher le sens d'un ouvrage littéraire. Pour le dire avec un critique contemporain, Henri MITTERAND (1980: 5), "(que) tout roman propose à son lecteur, d'un même mouvement, le plaisir du récit de fiction, et, tantôt de manière explicite, tantôt de manière implicite, un discours sur le monde". Cherchons, donc, à dégager quelques-unes des suggestions de l'auteur: ne prenez pas les vieux pour des fous; quelquefois ce sont des Protées dont le monde a peur (comme les terroristes dans notre conte); la sagesse, le stoïcisme l'emportent sur le caractère fougueux des jeunes (ce qui est une constatation d'un grand

philosophe, Baltasar GRACIÁN (editio princeps 1647), qui, dans son "Oráculo manual", parle infatigablement de la "cordura" et de la "discreción"); c'est qu'il ne faut pas organiser, planifier trop notre vie, puisqu'elle échappe bien souvent à notre esprit logique, et enfin, peut-être, que nous nous approchons de la vérité toujours de façon asymptotique, c'est-à-dire jamais, et que l'existence des hommes reste un mystère. De vieilles vérités ? Oui, d'accord, mais les hommes ont toujours les mêmes qualités maîtresses, et, bien évidemment, les mêmes défauts. Qu'ils sachent donc recommencer avec leur auto-critique! Il n'est jamais trop tard, voyez le baron Lamberto!

Notes

1. Harald WEINRICH (1976: 186): Sprache in Texten, Stuttgart: Klett: "Jede Linguistik tut gut daran, mit Texten anzufangen. Diese Texte können dann in Einheiten zunächst höherer Ordnung, dann niederer Ordnung segmentiert werden. Die Elemente gehören also nicht an den Anfang, sondern an das Ende der Analyse".
2. Egon WERLICH (1975: 71): Typologie der Texte, Heidelberg: Quelle & Meyer:

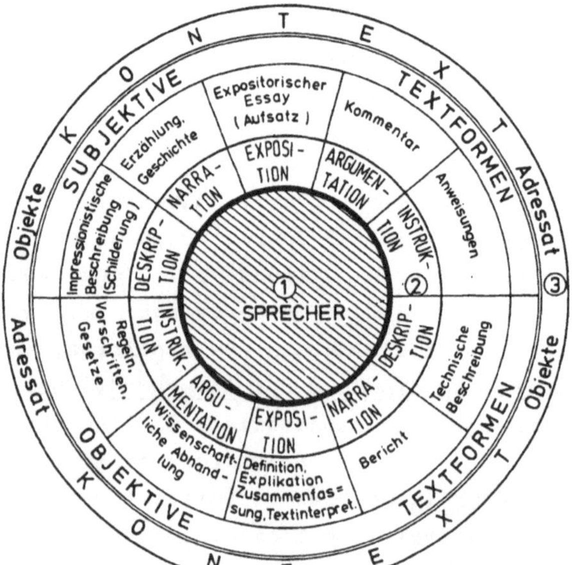

Nous renvoyons également à l'étude de Peter Kern (1969: 11): Bemerkungen zum Problem der Textklassifikation, dans: Forschungsberichte des Instituts für deutsche Sprache 3, April.

3. Un grand critique littéraire contemporain, Mario Petrucciani (1981: 39-45), ne partagerait d'ailleurs pas ce jugement détracteur: nous renvoyons à l'article de Petrucciani: "Sulla poesia del primo novecento", dans: Vita e Pensiero, 12, anno LXIV, dicembre.

Bibliographie

Bachtin, M. (1968): Rabelais and His World. Cambridge, Mass.

Chiusano, I.A. (1980): Rodari Gianni, dans: Dizionario della letteratura mondiale del 900. Roma.

Ecom U. (1979): The Role of The Reader. Explorations in The Semiotics of Texts. Bloomington.

Gracián, B. (1948): Oráculo manual y arte de prudencia. Madrid.

Gregory, M. /Carroll, S. (1978): Language and Situation, Language Varieties and their Social Contexts. London.

Halliday M.A.K. /Hasan R. (1976): Cohesion in English. London.

Kapp, V. (1982): Der historische Standort der neueren italienischen Literatur und das derzeitige deutsche Italienbild. Germanisch-Romanische Monatsschrift, Band 32, Heft 1.

Kern, P. (1969): Bemerkungen zum Problem der Textklassifikation. Forschungsberichte des Instituts für deutsche Sprache, 3. April.

Kristeva, J. (1970): Le texte du roman. The Hague.

Mitterand, Henri (1980): Le discours du roman. Paris.

Mylne, V. (1965): The Eighteenth-Century French Novel. Techniques of Illusion. Manchester.

Petrucciani, M. (1981): Sulla poesia del primo novecento. Milano.

Pike, K. L. (1971): Language in Relation to a Unified Theory of The Structure of Human Behavior. The Hague.

Rodari, G. (1960): Filastrocche in cielo e in terra. Torino.

Rodari, G. (1978): C'era due volte il barone Lamberto ovvero I misteri dell'isola di San Giulio. Torino.

Rosa, A.A. (1975): Storia d'Italia. Volume quarto dall'Unità a oggi, 2. Torino.

Schmidt, S.J. (1975): Zur Linguistik der sprachlichen Kommunikation, in: Linguistische Probleme der Textanalyse, Sprache der Gegenwart, Jahrbuch 1975, Schriften des Instituts für deutsche Sprache in Mannheim. Düsseldorf.

Schneegans, H. (1894): Geschichte der grotesken Satire. Strassburg.

Weinrich, H. (1976): Sprache in Texten. Stuttgart.

Werlich, E. (1975): Typologie der Texte. Entwurf eines textlinguistischen Modells zur Grundlegung einer Textgrammatik. Heidelberg.

ARGUMENTATIONSFIGUREN IN DER WISSENSCHAFTSSPRACHE

Elisabeth Rudolph, Hamburg

1. Vorbemerkung

In diesem Beitrag soll nach kurzem Blick auf Wissenschaftssprache und Argumentationstheorie der Aufbau komplexer Argumentationsfiguren, wie sie in der Wissenschaftssprache häufig begegnen, aus den drei zugrundeliegenden Argumentationsschritten dargestellt werden. Die Datenbasis stammt aus wissenschaftlichen Arbeiten aus vier europäischen Sprachen. Auf eine wissenschaftliche Diskussion und Auseinandersetzung mit der Argumentationsliteratur muss ich hier aus Platzgründen verzichten - ich habe sie an anderer Stelle geführt[1].

2. Wissenschaftssprache vs. Alltagssprache

In allen Beschreibungen und Charakterisierungen von Wissenschaftssprache - eine generell anerkannte Definition gibt es nicht - begegnet die Auseinandersetzung mit der Alltagssprache. Jenseits der auch hier schwierigen Definitionsprobleme gibt es aber das intuitive Vorverständnis, dass mit Alltagssprache die Sprache gemeint ist, deren wir uns alle im alltäglichen Umgang miteinander bedienen, d.h. dass es sich um die allgemein am meisten gebrauchte Sprache handelt. Dagegen ist Wissenschaftssprache ähnlich wie die Sprache bestimmter Berufszweige oder sozialer Schichten eine Sondersprache.

Da nun die Grundlage aller Sondersprachen eine natürliche Sprache ist, die zugleich die Muttersprache der Sprecher der je verschiedenen Sondersprachen ist, ist nach Uebereinstimmungen und Unterschieden zwischen ihr und den Sondersprachen zu fragen.

Die Uebereinstimmungen sind weitaus grösser als die Unterschiede. Sie erstrecken sich auf zwei Komplexe: die grammatische Struktur in Morphologie und Syntax und den Grundwortschatz.

Die Verschiedenheiten sind vor allem im Bereich von Semantik und Wortschatz angesiedelt. In ihrem Lexikon haben zuweilen Wissenschaftssprachen aus verschiedenen natürlichen Sprachen untereinander grössere Aehnlichkeit als jede von ihnen mit dem Lexikon der eigenen Sprache. Daneben gibt es einen allgemeinen Unterschied: die Alltagssprache ist dialogisch und bezieht den Gesprächskontext und die Situation voll mit ein, während die Wissenschaftssprache monologisch ist und einen Kontext erst durch die Informationen aufbaut, die sie selbst liefert.

3. Argumentation in Theorie und Praxis

Als Disziplin lässt sich die Argumentation bis in die Philosophie des Altertums zurückleiten, damals Dialektik genannt. Argumentationstheoretische Fragestellungen sind auch zunächst weniger von Linguisten als von Rhetorikern ausgegangen. Das Interesse der Linguistik konzentrierte sich dann auf die in der Argumentationstheorie entwickelten Modelle.

3.1. Argumentationsmodelle

In definitionsähnlichen Beschreibungen von Argumentation steht das dialogische Verfahren im Vordergrund, wenn besonders kommunikative Interaktion und Handlungszusammenhang betont wird. Die Modelle idealisieren aber und betrachten nur die dann monologisch wirkenden Aussagen einer Seite. Hierbei ist die dem Syllogismus vergleichbare Dreiteiligkeit der Argumentationsmodelle ebenso charakteristisch wie die Forderung nach strikter Beachtung der logischen Deduktion. In der sprachlichen Realisation reduziert sich allerdings die Dreiteiligkeit des Modells auf eine Zweiteiligkeit, wie der Vergleich zeigt:

(1) Syllogismus, ergänzt durch Toulmin-Begriffe

Alle Menschen sind sterblich	=	grosse Prämisse warrant
Sokrates ist ein Mensch	=	kleine Prämisse datum
also: Sokrates ist sterblich	=	Conclusio claim

(2) Argumentation

Sokrates ist sterblich. = These
Denn Sokrates ist ein Mensch. = Argument

Von der sprachlichen Oberfläche aus betrachtet sind die Argumentationsmodelle also so etwas wie Text-Tiefenstrukturen, in denen die gedanklichen Grundlagen expliziert werden. Da in der logischen Deduktion der Schlussatz (= Conclusio) nur aussagen darf, was in den Prämissen enthalten ist, wird der Syllogismus aus sprachlicher Sicht zur Tautologie. Dies gilt aber nicht für die zweiteilige Argumentation, in der der tautologie-stiftende Teil fehlt und nur gelegentlich auf Nachfrage als zugrundeliegende Gesetzeshypothese noch angeführt wird.

Modelle müssen einfach sein und an einleuchtenden Beispielen dargestellt werden - die argumentative Praxis ist vielschichtiger. Bereits Sokrates unterschied einen wissenschaftlichen von einem dialektischen Syllogismus, jenachdem ob die grosse Prämisse wahre und erste Sätze enthält (dann ist es ein wissenschaftlicher Syllogismus) oder ob sie nur geltende Meinungen nennt (dann handelt es sich um einen dialektischen Syllogismus).

3.2. Erfahrungshintergrund

Der Erfahrungshintergrund als der gemeinsame Besitz von Meinungen und Kenntnissen, über die die Interaktionspartner verfügen, spielt in der praktischen Argumentation eine entscheidende Rolle. Die Logik der Argumentation ist nicht eine der syllogistischen Deduktion, sondern die Logik des Plausiblen. Was nicht in Widerspruch steht zu den geltenden Meinungen, wovon vorstellbar ist, dass es wahr ist oder werden könnte, wenn man die herrschenden Umstände berücksichtigt, das ist ein brauchbares Argument, das ist plausibel und hat mithin die Aussicht, vom Interaktionspartner akzeptiert zu werden.

3.3. Argumentationsziel

Es gibt nur ein Argumentationsziel, das ist die Ueberzeugung des Partners von der Richtigkeit der eigenen Auffassung. In der dialogischen Praxis kann das bei unterschiedlicher Auffassung der Partner zu langem Ringen und gelegentlich zu unentschiedenem Abbruch der Interaktion führen.

In der monologischen Wissenschaftssprache ist dies weniger zu befürchten, allerdings erfährt der Autor spät oder gar nicht, ob das Argumentationsziel erreicht ist. Hier stellt sich nun die Frage nach dem prozessualen Verfahren des Argumentierens. In der einfachen Argumentation behauptet der Sprecher die These und sichert sie mit dem Argument, aus dessen Präsupposition der Erfahrungshintergrund erhellt. Wissenschaftliche Thesen zeichnen sich aber dadurch aus, dass sie meist nicht in einem einfachen Satz formuliert, sondern eher in einer ganzen Theorie expliziert werden können.

Je komplizierter und neuartiger eine Theorie ist, desto eher wird der Autor bereits in die Darstellung Argumente einbauen, die an Wissen und Vorstellungsvermögen der Leser appellieren. Dann kann es gelegentlich schwer fallen, Thesenexplizierung und Argumentation zur Thesenfundierung voneinander zu trennen.

4. Argumentation in der Wissenschaft

Betrachtet man wissenschaftliche Texte unter dem Blickwinkel der möglicherweise in ihnen enthaltenen Argumentationen, so kann man folgende Feststellungen machen:

- Argumentationen bedienen sich häufig der im weiteren Sinn kausalen Konnektive (Konjunktionen, Präpositionen, Syntagmen),
- Argumentationen sind ungleich häufiger, als im Vergleich mit dem Vorkommen der entsprechenden Konnektive in erzählenden Texten vermutbar ist,
- Argumentationen bilden nicht selten zusammenhängende grössere Komplexe, abgesetzt von deskriptiven Passagen.

Bei der Analyse der in wissenschaftlichen Texten aufgefundenen Argumentationen lassen sich drei Stufen der Argumentation voneinander abgrenzen; sie entsprechen den drei Schritten <u>These</u> <u>Argument</u> <u>Folgerung</u>.

Zu den in (2) genannten beiden Schritten These und Argument tritt als dritter Schritt die Folgerung. Diese ist aber nicht mit der auch Schlussfolgerung genannten Conclusio des Syllogismus zu verwechseln, die ja ihrerseits der These der Argumentation entspricht. Die Folgerung in der Argumentation ist ein eigener Schritt mit weiterführenden Gedanken, die auf den Argumenten beruhen.

Die Argumente als mittlere Stufe stützen einerseits die These und bereiten andererseits die Folgerung vor. Will man den Syllogismus in seiner tautologischen Geschlossenheit mit einem Kreis vergleichen, so lässt sich das Bild für die Argumentation fortsetzen und man kann von einer Spirale sprechen. Diese beginnt mit der These, erweitert sich in den Argumenten und schliesst sich zur Folgerung, die einen neuen, eigenen Ort mit einem gewissen Abstand zur alten These einnimmt. Die Fülle der Argumente bestimmt dann den Radius der Spirale, während der Abstand zwischen These und Folgerung die Enge der Spirale markiert.

5. Argumentationssignale

Der spiralartige Aufbau der Argumentation ist nicht notwendigerweise an bestimmte Signale gebunden. Man kann auch mit aneinandergereihten Behauptungen argumentieren. Aber gerade wegen des assertorischen Charakters aller Argumentationsstufen ist die Signalwirkung von Markierungen der einzelnen Stufen wichtig zur Verständnissicherung.

Für das Vorkommen der Signale beschränke ich mich auf eine tabellarische Zusammenstellung, die auf einem Korpus von Argumentationen in der Wissenschaftssprache beruht.

5,1. Thesen

Thesen enthalten oftmals kein sprachliches Signal; sie sind durch ihre Position an der Spitze ausgezeichnet. Man kann aber wenn-dann-Formulierungen als Sekundärmerkmale auffassen; sie werden für gesetzesartige Thesen verwendet.

	Englisch	Deutsch	Franz.	Span.
Positions-markiertheit	x	x	x	x
Konditional-konnektive	if-then if	wenn-dann wenn	si-alors si	si

5.2. Argumente

Das Argument ist das Kernstück der Argumentation. Seine zwei Funktionen sind bei der Verwendung von Konnektiven zur Markierung des Arguments deutlich voneinander geschieden. Die Begründung einer Behauptungshandlung (Typ: 'ich sage das weil') ist eine andere Art von Argument als der Beweis einer These mit thesenhaften Mitteln (Typ: 'wenn-dann').

Die metasprachliche Begründung für eine Behauptungshandlung enthält Kausal-Konnektive. Der Beweis für die Richtigkeit der Anfangsthese ist mit konditionalen Konnektiven aufgebaut. Die Tabelle zeigt das üblichste Vorkommen - Reihenfolge gleich Häufigkeit:

	Englisch	Deutsch	Franz.	Span.
Kausal-Konnektive	for because since because of	denn weil da nämlich ja wegen	car parce que puisque à cause de	porque pues ya que puesto que por
Konditional-Konnektive	if it-then unless	wenn wenn-dann	si si-alors	si

5.3. Folgerungen

Folgerungen sind die weiterführenden Gedankengänge, die sich aus Argumenten ergeben können; sie sind aber nicht wie Schlussfolgerungen Deduktionen von logischer Evidenz. Zuweilen erheben sie auch erst eine vorangehende Aussage zu einem Argument. Als dynamisches Element der Argumentation drehen die Folgerungen die Spirale noch etwas weiter.

Folgerungen werden ausschliesslich mit Konnektiven aus dem konsekutiv-konklusiven Bereich angezeigt. In den europäischen Sprachen ist daran kein Mangel, und die Wissenschaftler machen reichlich Gebrauch davon.

Englisch	Deutsch	Französisch	Spanisch
thus	deshalb	donc	pues
hence	also	ainsi	así
so that	so	dès lors	de qquí que
therefore	mithin	or	por eso
for this reason	insofern	aussi	por tanto
that is why	daher	tant que	entonces
it follows	so dass	par conséquent	por consiguiente
so	dann	de telle sorte que	de suerte que
then	darum		de esta manera
as it were	somit		

6. Argumentationsfiguren

Aus den drei Schritten der Argumentation, deren Reihenfolge in der Argumentationsspirale gegeben ist, können durch Variation und Weiterführungen unterschiedliche Figuren entstehen. Es zeigt sich dann, dass der Prototyp der Dreistufigkeit These-Argument-Folgerung auch eine Idealisierung ist, für die sich nur schwer ein Beispiel finden lässt.

Die Argumentationsfiguren in der Wissenschaftssprache sind ausgezeichnet durch Variationsvielfalt und die Anpassungsfähigkeit argumentativer Strukturen an die jeweiligen Ausdruckswünsche des Autors. Ich kann hier nur wenige Beispiele zitieren, die in ihrer Komplexität typisch sind für wissenschaftliche Argumentation. Im Detail ist dann aber jedes Beispiel eine Einzelfigur und steht nicht als Typus für eine Gruppe.

6.1. Variationen aus drei Schritten der Argumentation

(3) These - Doppelargument - Folgerung

1. The incentive for adopting this indirecte route is, of course, the increased product made possible by division of labor and specialization
2. of function. Since the household always has the alternative of producing directly for itself, it need not enter into any exchange unless it
3. benefits from it. Hence, no exchange will take place unless both parties do benefit from it.
4. Co-operation is thereby achieved without coercion. (Friedman 1962: 13)

Die These (1.) wird durch ein Argument gestützt (2.), das mit Begründungs- und Beweis-Konnektiv selbst komplex ist. Die Folgerung wiederholt (3.) und führt weiter (4.).

(4) Annahme - These - Argument-Argument - Folgerung

1. The classical school have tacitly assumed that this would involve no significant change in
2. their theory. But this is not so. For if the
3. supply of labour is not a function of real wages as its sole variable, their argument breaks down entirely and leaves the question of what the actual employment will be quite
4. indeterminate. They do not seem to have realised that, unless the supply of labour is a function of real wages alone, their supply curve for labour will shift bodily with every
5. movement of prices. Thus their method is tied up with their very special assumptions, and cannot be adapted to deal with the more general case. (Keynes 1936, 8/9)

Die Annahme (1.) wird in der These (2.) abgelehnt. Die Argumente (3., 4.) versuchen thesenhaft das gegnerische Argument zu entkräften. Ihre Detailaussagen sind in der Folgerung (5.) zu einem neuen Gedanken zusammengefasst.

(5) These als Frage - Beweis-Argumente - Folgerung

1. Se pretende con ella (= renuncia a la verdad) conquistar una fina imparcialidad ante la muchedumbre de los fenómenos históricos; ma ?a
2. qué costa? En primer lugar, si no existe la verdad, no puede el relativismo tomarse a si
3. mismo en serio. En segundo lugar, la fe en la verdad es un hecho radical de la vida humana; si la amputamos queda esta convertida en
4. algo ilusorio y absurdo. La amputación misma que ejecutamos carecerá de sentido y valor.
5. El relativismo es, a la postre, escepticismo, y el escepticismo, justificado como objeción a toda teoría, es una teoría suicida. (Ortega y Gasset 1923, 38)

Mit der Frage am Ende von (1.) wird die Geltung einer Theorie bestritten. Die Argumente (2.-4.) beweisen, behaupten, sichern und verwenden dazu ganz unterschiedliche Mittel Die Folgerung (5.) bezieht sich nicht nur auf die vorangegangenen Argumente, sondern thematisiert ihrerseits den gerade gefundenen Erklärungsbegriff.

(6) These - Folgerung=These - Argument

1. Le prolétariat, c'est-à-dire des millions de travailleurs, ne peut exercer lui-même la dic-
2. tature. Dès lors il n'est pas historiquement inintelligible que le marxisme, rejetant la méthode des réformes progressives, refusant d'admettre la permanence de sphères distinctes,

économique et politique, visant à une libération de tous par la maîtrise des producteurs associés sur leur destin, ait abouti à un asservissement total de tous à un parti,
3. voire à un homme. Car comment les "producteurs associés" pourraient-ils réorganiser la société à partir de ses fondements si leur "association" ne se montre pas capable de commander, autrement dit si l'association des producteurs elle-même ne se constitue pas en parti, avec une hiérarchie, un état-major, un chef ? (Aron 1965, 61)

Dies ist eine Doppelspirale. Zunächst folgt auf die These (1.) gleich eine Folgerung, die in ihrer Komplexität unversehens selbst wieder zur These wird (2.), die eine argumentative Stützung erfordert. Das Argument (3.) begründet (car) und beweist (si) in einer rhetorischen Frage, ohne dass sich die strategischen Züge einzeln isolieren lassen.

6.2. Variation aus nur zwei Argumentationsschritten

(7) Gegenthese mit zwei Bedingungen - Argument

1. (Marcuse:) "es gibt zwei Arten von Herrschaft:
2. eine repressive und eine befreiende." Dem ist entgegenzuhalten, dass die neuzeitliche Wissenschaft als ein historisch einmaliges Projekt nur aufgefasst werden könnte, wenn mindestens
3. e i n alternativer Entwurf denkbar wäre. Und ferner müsste eine alternative Neue Wissenschaft die Definition einer Neuen Technik ein-
4. schliessen. Diese Ueberlegung ernüchtert, weil Technik, wenn sie überhaupt auf einen Entwurf zurückgeht, offenbar nur auf ein "Projekt" der Menschengattung i n s g e s a m t zurückgeführt werden kann und nicht auf ein historisch überholbares. (Habermas 1968, 55)

Am Anfang der Argumentation steht ein Zitat (1.), das die thesenhaften Spekulationen (2./3.) auslöst, deren hypothetische Formulierung keinen Zweifel an der gegenteiligen Auffassung des Autors lässt. Vor das Argument (4.), mit dem er diese Meinung unterstützt, schiebt er dennoch die das Verständnis erleichternde metasprachliche Zwischenbemerkung. Das Argument (4.) mit eingeschobener Einschränkung lässt die Auffassung des Autors wieder nur indirekt zur Geltung kommen - ein Beispiel für differenzierte Argumentation in der Wissenschaft.

6.3. Mehrfach gewundene Spirale

(8) These - Argument - Folgerung=These mit Sonderbedingung - Folgerung=These - Argument mit Beweis - Folgerung

1. The outline of our theory can be expressed
2. as follows. When employment increases,
3. aggregate real income is increased. The psychology of the community is such that when aggregate real income is increased aggregate consumption is increased, but
4. not by so much as income. Hence employers would make a loss if the whole of the increased employment were to be devoted to satisfying the increased demand for immed-
5. iate consumption. Thus, to justify any given amount of employment there must be an amount of current investment sufficient to absorb the excess of total output over what the community chooses to consume when employ-
6. ment is at the given level. For unless there is this amount of investment, the receipts of the entrepreneurs will be less than is required to induce them to offer
7. the given amount of employment. It follows, therefore, that, given what we shall call the community's propensity to consume, the equilibrum level of employment, i.e. the level at which there is no inducement to employers as a whole either to expand or to contract employment, will depend on the amount of current investment. (Keynes 1936, 27)

Zwar hat Keynes mit dieser dreifach gewundenen Argumentationsspirale die Skizze seiner Theorie noch nicht beendet (es folgt eine Reihe weniger argumentativer Sätze), das Beispiel zeigt aber trotzdem eine der immer wieder genutzten Möglichkeiten der Argumentation in der Wissenschaft. In der präzisen Angabe der argumentativen Position der einzelnen Sätze - ob als These, Argument oder Folgerung, aus der die neue These entsteht - liegt die Chance, in kurzer Zusammenfassung und dennoch deutlich einen komplexen Gedankengang darzustellen.

6.4. Die Argumentationsbeispiele stammen aus folgenden Texten:

Aaron R., Essai sur les libertés. Paris, 1965.

Friedman M., Capitalism and Freedom. Chicago, 1962.

Habermas J., Technik und Wissenschaft als 'Ideologie'. Frankfurt/M., 1968.

Keynes J. M., The General Theory of Employment, Interest and Money. London, 1936. Reprinted 1973.

Ortega y Gasset J., El tema de nuestro tiempo. Madrid, 1923. Decimoséptima edición: 1970.

Fussnoten

1. Mit den argumentationstheoretischen Grundlagen habe ich mich ausführlich beschäftigt in dem Aufsatz Rudolph E., Argumentative Strukturen in der Wissenschaftssprache. In: Petöfi J.S. (Hg.), Texte und Sachverhalte. Hamburg (im Druck). Dort habe ich den Unterschied zwischen Begründungs- und Beweis-Argument herauszuarbeiten versucht, der in der Argumentationsliteratur sonst noch nicht thematisiert worden ist. Ich habe auch eine Liste anderer Markierungen für Argumentationen als durch kausale/konditionale Konnektive zusammengestellt.

Bibliographie

Rudolph E., Argumentative Strukturen in der Wissenschaftssprache. In: Petöfi J.S. (Hg.), Texte und Sachverhalte. Hamburg (im Druck).

In dieser Arbeit findet sich ein ausführliches Literaturverzeichnis zu Argumentation und Wissenschaftssprache.

5. DISKURSANALYSE

KONFORME GESPRÄCHSREPLIKEN IN ENGLISCHEN ALLTAGSDIALOGEN

Wolfram Bublitz, Trier

1. Karl Bühler hat in seinem Buch "Die Krise der Psychologie" für die Beziehung zwischen Sprecher und Hörer folgendes Bild geprägt (BÜHLER 1927, 1965: 92):

> Jeder[...] der als Hörer den Worten eines Sprechers Einlaß gewährt, hängt zunächst einmal in irgendeinem Grade am Leitseil des Sprechers.

Tatsächlich steht jedem Sprecher ein reichhaltiges Inventar sprachlicher Mittel zur Verfügung, mit denen er nicht einfach nur einen Bezug zur folgenden Höreräußerung herstellen, sondern den Handlungsspielraum des Hörers u.U. so massiv einschränken kann, daß diesem nur noch die vom Sprecher eröffneten Optionen offen stehen (z.B. nach suggestiven Fragen, vgl. BUBLITZ 1982). Aus derartigen Möglichkeiten der Einflußnahme wird vielfach geschlossen, daß der Sprecher, der das Rederecht hat, auch derjenige ist, der Inhalt, Richtung und Ablauf des Gesprächs bestimmt.

Doch nicht nur entspricht dem Hörerbezug des Sprechers ein gleichzeitiger Sprecherbezug des Hörers, der sich, wie wir sehen werden, durchaus auch sprachlich manifestiert, sondern auch die Einflußnahme des augenblicklichen Hörers auf den Sprecher und damit über dessen Reaktionen auf Inhalt, Richtung und Ablauf des Gesprächs kann stark ausgeprägt sein. Vertretbar scheint mir demnach (mit Einschränkungen) auch die komplementäre These: Jeder Sprecher, der den Worten eines Hörers Einlaß gewährt, hängt in irgendeinem Grade am Leitseil des Hörers. In literaturwissenschaftlichen Untersuchungen der sprachlichen Gestaltung von literarischen Dialogen ist man sich der Einflußnahme des Hörers auf die Gestaltung des Dialogs durchaus bewußt und setzt sich eingehend damit auseinander.[1] Aus sprachwissenschaftlicher Sicht scheint es ebenfalls geboten, das sprachliche Verhalten des Hörers zu beobachten, festzuhalten und zu beschreiben.[2] Der Hörer verhält sich im Gespräch nämlich durchaus nicht passiv, d.h., er beschränkt sich nicht darauf, n u r zuzuhören. Tut er dies dennoch, so (zer)stört er binnen kurzem die Kommunikation; ein Gespräch findet nicht mehr statt, da die aktive Teilnahme gleichzeitig b e i d e r Partner als eine seiner unabdingbaren Voraussetzungen nicht mehr gegeben ist. Auch Gespräche werden gemeinsam ausgehandelt, und dies geschieht nicht mittels aufeinanderfolgender, diskreter Redebeiträge. Ein Gespräch ist das kontinuierlich entstehende Produkt der korrelativen Handlungen von Sprecher und Hörer. Trotz des Faktums dieser gemeinsamen Aktivität der am Gespräch Teilnehmenden, also des gemeinsam geteilten, wenn auch nicht gleichmäßig verteilten, Einflusses von Sprecher u n d Hörer auf den Gesprächsverlauf, wird in Arbeiten zur Gesprächsanalyse die sogenannte rezeptive Seite (des Hörers) nicht selten vernachlässigt zugunsten der sogenannten produktiven Seite (des Sprechers). Im folgenden werde ich vorläufige Antworten auf die Frage zu geben versuchen, welche hörerseitigen sprachlichen Handlungsmuster man unterscheiden kann, wie sie etwa in englischen Alltagsdialogen vorkommen.

2. Grundsätzlich lassen sich die Äußerungen des Hörers im Gespräch danach unterscheiden, ob sie gesprochen werden, während der Hörer das Rederecht hat, dann spreche ich von Repliken (s.u.), oder während er es nicht hat.[3] Im letzten Fall muß man trennen zwischen Unterbrechungen und Unterbrechungsversuchen, mit denen ich mich an dieser Stelle nicht befassen werde, und H ö r e r s i g n a l e n .[4] Sprachliche Hörersignale werden geäußert, während der Gesprächspartner das Rederecht hat und spricht, also simultan, ohne daß dies als störend oder als unterbrechend empfunden würde, oder während er eine Pause einlegt (Planungspause, Atempause, etc.).[5] Hörersignale gelten daher nicht als eigene Redebeiträge. Im Unterschied etwa zu bestimmten Eröffnungssignalen,[6] mit denen Unterbrechungen eingeleitet und eine Übernahme der Sprecherrolle angestrebt wird, macht der Hörer mit dem Gebrauch der Hörersignale dem Sprecher das Rederecht nicht streitig. Hörersignale erlauben es dem Hörer, auch seine Meinung zum gerade Gehörten (oder antizipierten Folgenden) nicht _expressis verbis_,

sondern nur angedeutet oder in stark elliptischer Form zum Ausdruck zu bringen, so daß ihr gewöhnlich nicht zu viel Gewicht zufällt.[7] Dies erlaubt dem Sprecher, meinungsäußernde, kommentierende Hörersignale zu ignorieren, was ihm bei entsprechenden eigenständigen Redebeiträgen des Partners, der das Wort hat, nicht möglich wäre. Doch in der Regel hinterlassen Hörersignale, je nach ihrer Funktion, mehr oder weniger starke Spuren im folgenden Beitrag des Gesprächspartners. Hörersignale lassen sich nach Funktionen klassifizieren, die ihnen inbezug auf die Gesprächsführung zukommen können. Die einzelnen Verwendungsweisen sollen an dieser Stelle nur angedeutet werden. Der erste Typ von Hörersignalen ist zugleich derjenige, der am häufigsten in Alltagsdialogen, wie sie z.B. in den Sammlungen von CRYSTAL/DAVY (1975) und SVARTVIK/QUIRK (1980) gesammelt sind, vorkommt; mit yes (und seinen vielfältigen nicht-standardsprachlichen Varianten wie z. B. yeah) und Formen von m (mhm) sowie anderen Kurzformen signalisiert der Hörer die Intaktheit des Kanals und die Verständlichkeit der Sprecherrede:

(1) A [...] in England you put it under the pillow
B oh yes yeah
A and a fairy will come
B m
A and will give you [...]
(CRYSTAL/DAVY 1975: 76)

Den zweiten Typ bilden Hörersignale, mit denen über die Teilnahme am Kommunikationsprozeß hinaus die Bekanntheit des Gehörten bestätigt oder Zustimmung signalisiert wird. Im Englischen werden mit Zustimmungs- bzw. Übereinstimmungsfunktion Hörersignale wie I know, that's right, yes, true, without question und viele andere mehr neben tag questions, elliptischen Wendungen und der Partikel no, mit der ja ebenfalls nach negativen Äußerungen zugestimmt wird, verwendet:[8]

(2a) A [...] I'll just wash my cup and then
B {yès sûre}
A {I'll write him} a little note and then [...]
(SVARTVIK/QUIRK 1980: 206)

(2b) B [...]and it hasn't affected the everday life of Cyprus at all
A nǒ
B you know and yet [...] (CRYSTAL/DAVY 1975: 35)

> Exemplare der reinen Hörverfügbarkeitssignale vom ersten Typ (Beispiel 1) und solche der Zustimmungssignale wie in (2) lassen sich bei der Analyse von Gesprächen nicht immer leicht unterscheiden. Zustimmungssignale sind bifunktional insofern, als sie die Funktion der Hörverfügbarkeitssignale mit einschließen; umgekehrt gilt dies nicht. Daher führt die potentielle Doppelfunktion von Hörersignalen wie <u>yes</u>, nämlich <u>I listen</u>, <u>I'm with you</u>, <u>I understand</u> einerseits und <u>I agree</u> andererseits nicht selten zu Mißverständnissen, bei denen der Sprecher meint, sein Gegenüber stimme ihm zu, obwohl dieser tatsächlich nur zum Ausdruck bringen will, daß er (noch) zuhört und versteht.

Mit dem Gebrauch der beiden bisher erwähnten Typen von Hörersignalen greift der Hörer nicht in das Recht des Sprechers ein, die Richtung des Gesprächs zu bestimmen. Er bestärkt ihn im Gegenteil darin, wie geplant fortzufahren. Der Gebrauch von Hörersignalen des dritten Typs, mit denen der Hörer eine Stellungnahme abgibt, die entweder nicht mit der des Sprechers übereinstimmt oder für ihn unerwartet ist, kann durchaus zu einem korrigierenden Eingriff in die Planungsautomie des Sprechers werden. Exemplare dieses Typs sind <u>really</u>, <u>you don't mean it</u>, <u>fancy that</u>, <u>is that so</u>, <u>oh come</u>, <u>indeed</u> u.a. mit meist steigender oder steigend-fallender Intonation:

(3a) A [...] no, they now live you know where the Mitchells used to live up the observatory
a <u>really</u>
A m yes they live up there and [...]
(SVARTVIK/QUIRK 1980: 228)

(3b) [...] fox really become bothered { any / [<u>1 syll.</u>] } body - no
Mr Moore it's no good sniffing the point is this you never experienced a hunt you've never seen a fox leave cover [...]
(SURVEY OF ENGLISH USAGE, University College London, S. 5.6.36.)

Die Interjektion in (3b) hat eine größere Wirkung als <u>really</u> in (3a), so daß bereits diese beiden Beispiele erkennen lassen, daß stellungsnehmende Hörersignale nach dem Grad der Stärke, mit der der Hörer das Gespräch über eine Einflußnahme auf den Sprecher mitzusteuern versucht, klassifiziert werden können. Der Sprecher ist ja immer darauf eingestellt, nicht nur das Verhalten des Hörers zu antizipieren, sondern es auch während des fortlaufenden Sprechens zu beachten. Er kann so seine eigenen Handlungen nach der jeweiligen sprachlichen (und natürlich auch nicht-sprachlichen) Reaktion des Hörers richten und ist somit jederzeit bereit, Veränderungen in der Planung für die folgende und unter Umständen sogar auch für die laufende Äußerung vorzunehmen. Ich betone noch einmal, daß die Berücksichtigung von Hörersignalen in das Ermessen des Sprechers gestellt ist. Dies scheint mir ein wichtiger Unterschied zu sein zwischen Hörersignalen und Hörerrepliken, denen ich mich gleich zuwenden werde.[9]

Der Sprecher ist befugt, Stellungnahmen, die sich in Hörersignalen manifestieren, zu ignorieren. Ähnliches gilt, dies als Parenthese, auch für einen parallelen Typ der Hörerreaktion, den Zwischenruf, etwa während Parlaments- oder anderer Debatten, auf den der Sprecher eingehen kann, aber nicht eingehen muß. Das Nichtbeachten und Nichtberücksichtigen von Hörersignalen ist jedoch der Sonderfall, der von einer Reihe von Variablen (z.B. der sozialen Stellung der Beteiligten, dem Handlungstyp, u.a.) abhängt.

3.1. Der Terminus R e p l i k wird in der Literatur zur Gesprächsanalyse und zur Dialogforschung unterschiedlich verwendet. Betrachten wir dazu folgenden Gesprächsausschnitt:

(4)
B 1 yes they/=the keys/ àre here. they àre here I put them into a pòcket --
A 2 sō. are you going to leave him a méssage or shall I sày something
B 3 have you got a pén I'll leave a mèssage
A 4 I may hâve one m̄ (c 20 seconds untranscribable) hère's a pen Brênda ---
B 5 I'll put it on hère
A 6 Walter's painted the whole of our -- extension bèdroom [...] ---
B 7 (4 sylls)
A 8 it's amàzing well he's just [...] --- may I read your mĕssage
B 9 yès
A 10 why what's it sày --- oh that's a . very +sènsible+
B + yès +
A thing to sáy
B 11 well I'll leave you hère for a little longer [...]

(SVARTVIK/QUIRK 1980: 206)

Im Gefolge sowjetischer und anderer osteuropäischer Arbeiten zur Gesprächsanalyse fassen GLÖCKNER (1973 und 1975) und DESSELMANN (1971) die Replik als kommunikative Grundeinheit im Dialog auf, die als Äußerung oder als Äußerungsfolge zwischen zwei Sprecherwechseln realisiert wird.[10] Mit Repliken werden also die einzelnen Redebeiträge (turns im Sinne von YNGVE 1970) bezeichnet, wie sie, 11 an der Zahl, in (4) von A und B unter Inanspruchnahme des Rederechts geäußert werden. Etwas irritierend ist die Verwendung dieses Terminus dadurch, daß er für die Bezeichnung a l l e r im Gespräch vorkommenden Redebeiträge herangezogen wird, also auch für die allererste, einleitende Äußerung (z.B. Gruß, Anrede, Ausruf, Frage), mit der man ein Gespräch eröffnen kann.[11] Soll Replik mehr sein als einfach nur ein Synonym für Äußerung, denn nach dem Sprachgebrauch der Autoren handelt es sich in (4) um eine Folge von 11 Repliken, so müssen auch terminologische Differenzierungen die funktionalen Unterschiede der einzelnen Redebeiträge wiedergeben. Glöckner und Desselmann tragen dem dadurch Rechnung, daß sie (wie später SINCLAIR/ COULTHARD 1975 u.a.) zwischen der reaktiven und der initiativen Funktion von Repliken unterscheiden. DESSELMANN (1971: 176) spricht zunächst von "Repliken-Reaktionen" und "Repliken-Stimuli", erkennt jedoch, daß Äußerungen, die Exemplare für den Typ der Replik-Reaktion sind, darüber hinaus auch "als Stimuli für weitere Reaktionen" (S. 176) dienen können. Dies Dilemma beruht natürlich auf der irrigen Annahme, daß rein funktional definierten Mustern oder Typen diskrete Exemplare als Äußerungen bei der empirischen Analyse tatsächlicher Gespräche entsprechen müßten. In der Ein-Wort-Äußerung yès (Nr. 9 in Beispiel (4)) fallen Reaktion und Initiative ebenso zusammen wie in einer angenommenen Paraphrase, die explizit aus Antwort (reaktiv) und Aufforderung (initiativ) besteht. Zudem kommen in Gesprächen nicht selten Redebeiträge ('Repliken') vor, deren erster Teil reaktiv und deren letzter Teil initiativ ist, deren Mittelteil, der unbegrenzt lang sein kann, jedoch weder Bezug auf die Vor- noch auf die Nachäußerung des Gesprächspartners nimmt und eine Variation zum augenblicklichen Thema oder gar eine Abschweifung (vgl. RONCADOR/BUBLITZ 1979) darstellt. Derartige Teile lassen sich nicht klassifizieren und bleiben als Rest übrig. Als Lösung unterscheidet man daher Phasen (GLÖCKNER 1975) oder Segmente (DESSELMANN 1971) innerhalb einer Replik. Als Klammer schließen die anknüpfende und einleitende obligatorische reaktive Phase und die weiterführende obligatorische initiative Phase zwei fakultative und monologische Mittelphasen mit berichtender und meinungsäußernder Funktion (die sich sicherlich nicht einfach trennen lassen und die man daher zunächst grob als eine Mittelphase zusammenfassen sollte) ein.

Aus den bereits angesprochenen Gründen der terminologischen Klarheit werde ich im folgenden als R e p l i k nur diejenige Klasse von sprachlichen Äußerungen bezeichnen, mit denen der Nachfolgesprecher, der das Rederecht hat, reagierend auf den vorausgegangenen Redebeitrag des Gesprächspartners Bezug nimmt. Diese reaktive Funktion der Replik kann sich in vollständigen Redebeiträgen (etwa einer Antwort, mit der das kommunikative Ziel des Vorredners erreicht und das Thema abgeschlossen ist, so daß die Folgeäußerung des anderen mit der Einführung eines neuen Themas beginnt) oder, und dies ist in Alltagsgesprächen die Regel, in Teilen von Redebeiträgen (den erwähnten reaktiven Phasen entsprechend) manifestieren. Repliken können natürlich durch Äußerungen oder Äußerungsteile realisiert werden, die in _portmanteau_-Manier sowohl reaktive als auch initiative Funktion haben. Zwar lassen sich die Muster trennen, nicht (immer) jedoch ihre sprachlichen Realisierungen. Ich verwende den Begriff Replik also durchaus intensional, indem ich mich in erster Linie auf das Charakteristikum der Konstituierung eines eigenen Redebeitrags (oder Teils davon), definiert durch den Besitz des Rederechts, und auf das Charakteristikum der rückweisenden, anknüpfenden Bezugsweise, also der reaktiven Funktion, stütze; ersteres grenzt Repliken von Hörersignalen ab, letzteres von Äußerungen mit initiativer Funktion.

3.2.1. Im Normalfall beziehen sich Repliken nicht auf die Umstände der Kommunikation.[12] Stattdessen geht der Hörer auf den vorausgegangenen Redebeitrag des Gesprächspartners ein, indem er entweder eine Sprechaktsequenz herstellt (Antwort nach Frage, Rechtfertigung nach Vorwurf, Widerspruch nach Behauptung u.v.a.m.) oder Informationen vermittelt oder kommentierend, bewertend Stellung nimmt. Ich werde mich im folgenden auf Repliken beschränken, die nur dem letztgenannten Aspekt zugeordnet werden können. Daß der Hörer mit Repliken seine Meinung kundtut, schließt natürlich die Möglichkeit nicht aus, auch ein totales Fehlen jeglicher Anteilnahme (Desinteresse und Gleichgültigkeit) zum Ausdruck zu bringen. Daneben finden sich grundsätzlich zwei Arten kommentierender Stellungnahme: Zustimmung und Ablehnung, zu denen eine Fülle von Zwischenstufen zu rechnen ist. Denn Zustimmung und Ablehnung sind natürlich keine Fixpunkte auf der Skala der stellungnehmenden Repliken, sondern mehr oder weniger ausgeprägte Segmente dieses Kontinuums, die sich auch berühren oder teilweise überschneiden können. Aus analytischen Gründen seien die jeweiligen Repliken getrennt voneinander behandelt.

3.2.2. Die Repliken in den folgenden Beispielen drücken eine Haltung der Konformität aus; der Hörer ist sich mit dem Sprecher einig; er stimmt ihm zu. Die Inhalte der vorhergehenden Sprechäußerung und der Replik stimmen überein oder ergänzen sich im Sinne der Sprecherabsicht.:

(5a) B [...] I'm not înterested. the stàtues are all rîght but they're. for a small róom they're not sùitable.
A m̀ -- no I think actually I think they're a bit too big you knów for my rôom[...]
(SVARTVIK/QUIRK 1980: 201)

(5b) A wheras . teaching something like Ênglish [...] it becomes - much more satisfàctory -- +and you get lòts of questions+
B +I. quite agrèe with that + I mean it's a [...] wide sort of open ènded sùbject English [...]
(CRYSTAL/DAVY 1975: 66)

Repliken dieser Art nenne ich k o n f o r m e Repliken. Der Hörer macht sich die Absichten und Ziele, die sich in dem vorhergehenden Redebeitrag des Gesprächspartners manifestiert haben und die er erschließen muß, zu eigen oder übernimmt sie zumindest weitgehend für seine Repliken.[13] Nicht nur werden parallele Äußerungen zum Sachverhalt selbst gemacht, sondern auch Bewertungen, Urteile und Meinungen werden vom Hörer übernommen; kurz, eine konforme Replik erscheint als Äußerung, die auch vom Gesprächspartner hätte kommen können. Im Extremfall ergänzt die Replik die Voräußerung derart, daß beide zusammen eine einzige Sprecherabsicht realisieren. Dies ist dann der Fall, wenn der Hörer die Sprechäußerung anstelle des Sprechers wie in (6) fortführt und beendet:

(6a) A He was so fast {that / that} he lost his trousers.
B
A Exactly.

Hier wird also der Sonderfall illustriert, daß eine illokutionäre Funktion in zwei Äußerungen realisiert wird, die zwar unmittelbar aufeinander folgen, jedoch von zwei verschiedenen Sprechern gesprochen werden. Der Fall, daß Sprecher und Hörer simultan die Äußerung beenden können mit identischem Wortlaut (wie in (7)) oder, nicht länger konform, mit unterschiedlichem Wortlaut und unterschiedlichem Inhalt (wie in (8)) kommt ebenfalls vor:

(7) Dan The guy who doesn't run the race doesn't win it, but'e doesn{'t lose it.
Roger it, B't lose it.}
(JEFFERSON 1973: 51)

(8) Louise No a Soshe is someone who {is a carbon copy of their friend.
Roger drinks Pepsi.}
(JEFFERSON 1973: 50)

Um eine Vervollständigung, die jedoch erst nach einer Pause vom Hörer vorgenommen wird, handelt es sich in (9):

(9) A [...] of coùrse the continèntals I suppose they came in late and they . build them -
B pròperly
A you knów this Milàn ground
(CRYSTAL/DAVY 1975: 21)

Offensichtlich fährt A nach der Replik des B wie beabsichtigt fort und gibt so zu erkennen, daß die Vervollständigung in seinem Sinne war.

In (10) vervollständigt der Hörer ebenfalls die Voräußerung und fällt dabei dem Sprecher ins Wort. Im Gegensatz zu (8) unterscheiden sich die beiden Äußerungsenden zwar vom Wortlaut her, aber die Replik des Hörers ist im Sinne des Sprechers und wirkt daher als konforme Ergänzung:

(10) A yès Sussex has - super hèath country lovely sort {of rolling hèaths}
B {and the dòwns} you know [...]
(CRYSTAL/DAVY 1975: 80)

Gleichsam als Erwiderung auf eine implizite Aufforderung ergänzt der Hörer B im folgenden Gesprächsausschnitt (11) den Redebeitrag des A in dessen Sinne, worauf die folgende Zustimmungsfloskel von A hinweist:

(11) A [...] but - as soon as this hàppened [...] you could see what was going to hàppen
B the press probably took one or two cǎses and exaggerated them out of all propòrtion
A that's right - and [...]
(CRYSTAL/DAVY 1975: 34)

In (12) trägt der Hörer B einen parallelen Kommentar zu den Aussagen des Sprechers A nach. Da A seine Äußerung unvollendet abbricht, um B Gelegenheit zu geben, seine Replik zu Gehör zu bringen, und da er anschließend dieser Replik zustimmt, bevor er seine Äußerung wiederaufnimmt, erkennt er sie als konforme Ergänzung zu seinem eigenen Redebeitrag an:

(12) A because - as sòon as it becomes spècial -- then it's giving them in a sense the wròng attitude -
B yès
A you knów {this is something}
B {yes they're còncen} trating on it
A yès
B yès
A this is something that we've got to look at [...]
(CRYSTAL/DAVY 1975: 66f)

Auch Wiederholungen entweder mit dem gleichen oder mit verändertem Wortlaut kommen, ebenso wie Paraphrasen, zu denen die Grenzen fließend sind, als Formen konformer Repliken vor wie in (13):

(13) B and you have a pròper brunch
A and then you put your turkey ìn
B then you put your stuff on - and you èat [...]
(CRYSTAL/DAVY 1975: 72)

Zusammen mit dem charakteristischen Gebrauch affirmierender und anerkennender sprachlicher Formen (meist in Initialposition) sind die hier aufgeführten Anschlüsse (Vervollständigung, Ergänzung, Nachtrag, Paraphrase, Wiederholung) typisch für konforme Repliken.

4. Den Gegenpol zu den konformen bilden die konträren Repliken, die auf der Sprechaktebene keine Vervollständigung des vom Gesprächspartner initiierten Sprechaktpaars darstellen, sondern auf der Gesprächsebene nicht im Sinne (der Absicht und der Planung) des Initiators und gewöhnlich für ihn unerwartet das Gespräch (störend) fortsetzen.[14] Zwischen diesen beiden extremen Formen der konformen und konträren Repliken kann man Repliken beobachten, mit denen der Hörer zwar einerseits dem Sprecher zustimmt, dies jedoch nicht uneingeschränkt tut, sondern gleichzeitig eigene Ansichten und Vorstellungen in das Gespräch miteinbringt. Diese komplementären Repliken prägen vor allem Alltagsgespräche, da sie (im Normalfall) die gleichmäßige Einflußnahme beider Teilnehmer auf den Gesprächsfortgang und somit den reibungslosen Ablauf sozialer Begegnungen sicherstellen. Eine genaue Analyse soll noch vorgenommen werden, um die sprachlichen Charakteristika der hier unterschiedenen Replikenmuster im Englischen beschreiben zu können.

Anmerkungen

1 Vgl. z.B. BAUER (1969); COENEN (1961) u.v.a.m.
2 Ansätze dazu gibt es, z.B. mit Blick auf die Entwicklung der Gesprächsfähigkeit in der Fremdsprache bei DESSELMANN (1971), GLÖCKNER (1973 und 1975).
3 Der Einfachheit halber nehme ich an, daß eindeutig erkennbar ist, ob der Hörer das Rederecht hat; die sprachlichen Mittel, die dies ermöglichen, sind von DUNCAN (1972), DUNCAN/NIEDEREHE (1974), u.a. untersucht worden.
4 Ihre nicht-sprachlichen Pendants im Bereich der Mimik und Gestik werde ich im folgenden ebenfalls außer acht lassen.

Vgl. zu den Hörersignalen BUBLITZ (1980), DUNCAN/FISKE (1977), HENNE (1979), REHBEIN (1979) u. a.

5 Ich folge hier dem Sprachgebrauch YNGVEs (1970), der zwischen sprechen (having the turn) und das Wort oder das Rederecht haben (having the floor) unterscheidet.

6 Vgl. DUNCAN (1972).

7 GOFFMAN (1976: 275) ordnet sie in folgenden Zusammenhang ein:

> For it seems that in much spoken interaction participants are given elbow room to provide at no sequence cost an evaluative expression of what they take to be occurring. They are given a free ride. (The surfacing of back-channel communication is but one example.) Thereby they can make their position felt, make their alignment to what is occurring known, without committing others to address themselves openly to these communications.

Die von Goffman erwähnte "back-channel communication" erfaßt jedoch nur bestimmte der im folgenden vorgestellten Hörersignale.

8 Aus Gründen der Vereinfachung lasse ich in den Beispielen alle Transkriptionszeichen weg, die für unsere Zwecke nicht von Belang sind. Übernehmen werde ich lediglich die Zeichen für steigende (´), fallende (`), steigend-fallende (^), fallend-steigende (ˇ) und gleichbleibende (¯) Intonation sowie für kurze (.), längere (-) und längste (--) oder (---) Pausen; Äußerungsteile, die simultan von beiden Sprechern gesprochen werden, kennzeichne ich entweder durch geschweifte Klammern ({...}) oder Pluszeichen (+...+). Die Hörersignale oder Repliken, um die es geht, werden unterstrichen.

9 Auf feinere Klassifizierungen von Hörersignalen kann ich an dieser Stelle nicht eingehen.

10 So GLÖCKNER (1975: 101); DESSELMANN (1971: 176) bezieht den Terminus Dialogeinheit allerdings auf die Verbindung zweier Nachbarrepliken; dies erinnert an das Konzept des "exchange", das SINCLAIR/COULTHARD später (1975) entwickelt haben.

11 Vgl. GLÖCKNER (1973: 340) und (1975: 102), der dies mit dem Hinweis darauf rechtfertigt, daß die gesprächseröffnende Replik "gleichsam als Reaktion auf einen außersprachlichen Sachverhalt verstanden werden muß".

12 Diese Funktion wird ja in der Regel von Hörersignalen übernommen. Nachfragen (Verständigungsfragen) und Bitten (um Veränderung des Sprechtempos, der Lautstärke und um Verdeutlichung, Wiederholung u.ä.), zu denen der Hörer sich das Rederecht nimmt, lassen sich jedoch als Sonderfälle zu den Repliken zählen.

13 Zu Absicht und Ziele als Handlungskategorien kann ich hier nichts sagen, ich verweise stellvertretend für viele Arbeiten dazu auf HARTUNG (1981).

14 Vgl. dazu auch APELTAUER (1980).

Literatur

Apeltauer, E. 1980. "Nichtakkordierende Sprechhandlungen (HASH)", Kühlwein, W./A. Raasch (Hgg.). Sprache und Verstehen. Bd. I. Tübingen. S. 69-78.

Bauer, G. 1969. Zur Poetik des Dialogs. Leistung und Formen der Gesprächsführung in der neueren deutschen Literatur. Darmstadt.

Bublitz, W. 1980. "Hörersignale und Gesprächssteuerung im Englischen", Tschauder, G./E. Weigand (Hgg.) Perspektive: textextern. Tübingen. S. 37-49.

Coenen, H.G. 1961. Elemente der Racineschen Dialogtechnik. Münster.

Crystal, D./D. Davy. 1975. Advanced Conversational English. London.

Desselmann, G. 1971. "Zur Entwicklung der dialogischen Sprachausübung", Deutsch als Fremdsprache 8 (3): 175-180.

Duncan, S. Jr. 1972. "Some signals and rules for taking speaking turns in conversations", Journal of Personality and Social Psychology 23: 283-292.

Duncan, S. Jr./D.W. Fiske. 1977. Face-to-Face Interaction. New York.

Duncan, S. Jr./G. Niederehe. 1974. "On signalling that it's your turn to speak", Journal of Experimental Social Psychology 10: 234-247.

Glöckner, H. 1973. "Die Aeusserungsform - eine kommunikative Grösse bei der Entwicklung der Gesprächsfähigkeit", Deutsch als Fremdsprache 10 (6): 339-344.

Glöckner, H. 1975. "Zum Aufbau der Gesprächsreplik", Deutsch als Fremdsprache 12: 101-107.

Goffman, E. 1976. "Replies and responses", Language in Society 5: 257-313.

Hartung, W. 1981. "Beobachtungen zur Organisation kommunikativer Ziele", Rosengren, I. (Hg.). Sprache und Pragmatik. Lund. 221-232.

Henne, H. 1979. "Die Rolle des Hörers im Gespräch", Rosengren, I. (Hg.). Sprache und Pragmatik. Lund. 122-134.

Jefferson, G. 1973. "A case of precision timing in ordinary conversation: overlapped tag-positioned address terms in closing sequences", Semiotica IX: 47-96.

Rehbein, J. 1979. "Sprechhandlungsaugmente. Zur Organisation der Hörersteuerung", Weydt, H. (Hg.). Die Partikeln der deutschen Sprache. Berlin. S. 58-74.

Roncador, M. v./W. Bublitz. 1979. "Abschweifungen", Weydt, H. (Hg.). Die Partikeln der deutschen Sprache. Berlin. S. 285-298.

Sinclair, J./R. M. Coulthard. 1975. Towards an Analysis of Discourse. Oxford.

Svartvik, J. /R. Quirk (eds.). 1980. A Corpus of English Conversation. Lund.

Yngve, V. H. 1970. "On getting a word in edgewise", Chicago Linguistic Society 6: 567-577.

ZUR LINGUISTISCHEN TYPOLOGIE DES SPRACHSPIELS

Klaus Detering, Kiel

Als Sprachspiel bezeichnen wir hier eine Sprachäusserung, wenn sie neben allen anderen Merkmalen zusätzlich das Merkmal des Spiels aufweist. Nicht jede Aeusserung ist ein Sprachspiel.

Im Rahmen eines kurzen Tagungsbeitrages kann eine ausführliche Erörterung des Spielbegriffs und darauf aufbauend des Sprachspielbegriffs bis hin zu einer möglichst angemessenen Definition nicht geleistet werden. Wir wollen hier lediglich auf induktivem Wege aus der Betrachtung einiger Belege einige allgemeine Aussagen ableiten. Dabei geht es uns hier nur um im engen Sinne linguistische, nicht um literaturwissenschaftliche oder philosophische Aspekte, wenngleich gerade in diesen beiden Disziplinen besonders gründlich über das Phänomen des Spiels nachgedacht worden ist. Wir heben unseren Begriff des Sprachspiels auch z.B. ausdrücklich von dem Ludwig Wittgensteins ab, unter dem alle Sprachäusserungen subsumiert werden könnten ohne Rücksicht auf jenes spezifische Merkmal, das nur einer Teilmenge von Aeusserungen eigen ist, und auf welches wir hier eingehen wollen.

Betrachten wir zunächst folgende Aeusserung, die wir z.B. als Zeitungs- oder Stammtischkommentar vorfinden können:

(1) Der Botschafter ist gegangen worden.

Die Bedeutung ist: Der Botschafter ist abgelöst worden. Die Formalitäten seiner Ablösung sahen so aus, als hätte er seinen Rücktritt aus freien Stücken eingereicht. Insgeheim weiss man aber, dass er zu einem "Rücktritt in Ehren" gezwungen wurde. Er ist eben nicht "gegangen", sondern "gegangen worden". In ihrer Form weicht diese Aeusserung von der syntaktischen Norm des Deutschen ab, die für persönlich konstruierte Passivsätze transitive Verben vorschreibt. Es besteht bekanntlich eine Relation zwischen solchen Passivsätzen und den Prädikaten transitiver Aktivsätze, vgl.

(2) Hans ist gesehen worden ⟷ (Jemand) hat Hans gesehen.

Die Normabweichung im Beispiel (1) besteht darin, dass das Verbum gehen hier wie ein transitives Verb gebraucht wird, so dass auch die entsprechende Aktivkonstruktion

(3) (Jemand) hat den Botschafter gegangen.

impliziert ist. Normgerecht wären stattdessen Aeusserungen wie

(4) Der Botschafter ist gegangen.

(5) Der Botschafter ist abgesetzt worden.

Beide treffen aber den Inhalt der Aeusserung (1) nicht ganz. Die ebenfalls normgerechte Aeusserung

(6) Der Botschafter ist unfreiwillig gegangen.

käme dem Inhalt zwar näher, enthielte aber nichts von dem augenzwinkernden Lächeln, das notwendig zu ihr gehört, selbst wenn sie mit ernster Miene formuliert wird. Die Normabweichung ist beabsichtigt und wird auch vom Hörer erkannt. Die Aeusserung wird nicht korrigiert. Daraus folgt aber nicht, dass die Norm des Deutschen durch diese Aeusserung umgestaltet ist und nunmehr gehen der Klasse der transitiven Verben zuzurechnen wäre. Die bisherige Norm besteht weiter. Die spezifische Bedeutung der Aeusserung resultiert ja gerade aus der Tatsache der gezielten Normabweichung. Die Abweichung selbst ist signifikativ. Es wird mit ihr etwas Zusätzliches mitgeteilt, und sei es auch nur die Gemeinschaft stiftende Freude am Spiel selbst.

Eine zum obigen Beispiel analoge Interpretation lässt sich für den Werbeslogan

(7) Wanderbares Oesterreich.

geben. Die Normabweichung besteht in der Missachtung der Relation

(8) Oesterreich ist besuchbar ⟷ (Jemand) besucht Oesterreich.

hinsichtlich der Wortbildung, wonach nur transitive Verben eine Suffigierung mit -bar erlauben. Niemand würde auf den Gedanken kommen, den Slogan als Fehler einzustufen und zu korrigieren, also etwa zu fordern:

(9) Erwanderbares Oesterreich.

Dieser normgerechten Aeusserung würde ein Teil der Bedeutung des Slogans (7) fehlen, und darüber hinaus würde sie auch keine Assoziation zu dem Adjektiv <u>wunderbar</u> mehr vermitteln, die hier zusätzlich beabsichtigt ist.

Ein weiteres Beispiel: Auf die Frage nach der Uhrzeit könnte um 10.15 Uhr die Antwort normgerecht lauten

(10) Zehn Uhr fünfzehn. oder

(11) Viertel nach zehn.[1]

Es könnte aber unter gezielter Abweichung von der Norm auch gesagt werden:

(12) Neun Uhr fünfundsiebzig. oder

(13) Fünfundvierzig vor elf. oder gar

(14) Viertel nach neun Uhr sechzig.

Diese Aeusserungen teilen ebenfalls die richtige Uhrzeit mit, zusätzlich aber dokumentieren sie eine Lust am Spielen mit den sprachlichen Möglichkeiten, die auch beim Hörer vorausgesetzt wird und diesen einbezieht, denn er muss die unerwartete Antwort entschlüsseln.

In der sprachlichen Wirklichkeit wohl jeder Sprache haben wir es mit drei Arten von Aeusserungen zu tun: mit normgerechten Aeusserungen, mit gewollten Abweichungen von der Norm und mit Fehlern. Fehler sind ungewollte und korrigierbare Abweichungen. Die normgerechten Aeusserungen bilden für den Linguisten das Korpus, auf dessen Grundlage er eine Sprachbeschreibung erstellt. Die gewollten Normabweichungen können linguistisch erfasst werden, wenn die Norm beschrieben ist. Fehler können lediglich zur mittelbaren Ueberprüfung der linguistischen Beschreibung herangezogen werden. Entsprechend ist auch für die Sprachdidaktik zunächst nur das Korpus der normgerechten Aeusserung massgebend. Gewollte Abweichungen können herangezogen werden, sobald die Norm beherrscht wird. Fehler werden korrigiert und nach Möglichkeit verhindert.[2]

Es gibt keinen allgemeinen Terminus zur Bezeichnung der normgerechten Aeusserungen und ebensowenig einen zur Bezeichnung der gewollten Abweichungen. Lediglich die dritte Teilmenge hat einen eingeführten Namen: Fehler. Die Unterscheidung richtig/falsch hebt in der sprachwissenschaftlichen wie der sprachdidaktischen Diskussion zumeist nur die normgerechten Aeusserungen von den Fehlern ab und lässt gewollte Abweichungen unberücksichtigt. Für diese letzteren konkurrieren mehrere Termini: Sprachspiel, Sprachspielerei, Sprachscherz, Sprachwitz, Sprachspass, Sprachhumor, Sprachulk und entsprechende Komposita mit Wort- als erster Komponente. Wir bleiben hier bei dem Terminus Sprachspiel.

Das Merkmal Abweichung von irgendeiner Norm scheint den meisten - vielleicht allen - Sprachspielen eigen zu sein. Im folgenden seien einige Beispiele für verschiedene Typen angeführt.

a) Abweichungen von einer phonetischen Norm

(15) Hertie hat's. (mit überdeutlich artikuliertem [h].)

(16) Der Wald ist uns're Liebe,
der Himmel unser Zelt;
ob heiter oder trübe, [tri:bə]
wir fahren in die Welt.

(17) Sie hat den schönsten Mund weit und breit.
(mit Pause hinter Mund.)

(18) Die Ibiche des Kranikus. (statt: Die Kraniche des Ibikus.) / Plimm Natz. (statt: Nimm Platz.) / Schreifritz. (statt: Freischütz.)

(19) Sie stand in ihrem Garten,
den Liebsten zu er-würgen.

b) Abweichungen von einer graphemischen oder einer orthographischen Norm

(20) AᗺBA. (Signet einer Musikgruppe)

(21) Sicher! (Als Antwort auf die Frage, ob jemand modern und fortschrittlich sei)

(22) Red'nicht Rum, sag Hansen.

(23) Er hat 1 gute Kritik bekommen.
(statt: eine gute Kritik)

c) Abweichungen von einer morphologischen Norm

(24) Dicht, dichter, Goethe.
zart, zarter, Mozart.

(25) Frischwärts.

(26) Bijou-tree. (Ständer für Schmuck, aus frz. bijouterie)

(27) Was Krupp in Essen, sind wir im Trinken.

d) Abweichungen von einer syntaktischen Norm

(28) Viel Auto fürs Geld. / Much car for your money.

(29) Es ist nachts kälter als draussen.

(30) Was ist der Unterschied zwischen einem Raben? - Beide Beine sind gleich lang, besonders das linke.

(31) Es demonstriert.

(32) Ich geh' kaputt, gehst du mit?

e) Abweichungen von einer semantischen oder einer lexikalischen Norm

(33) Besser reich und gesund, als arm und krank./ Lieber ein offenes Ohr als ein offenes Bein.

(34) Nicht jeder, der aus dem Rahmen fällt, war vorher im Bilde.

(35) In dieser Angelegenheit ist es 11.55 Uhr.

(36) 435 Schwalben machen einen Sommer.

(37) Piano mortale. / Morgenstund hat Mord im Mund. / Leben und sterben lassen.

(38) Liebe auf den ersten Schluck. / Gelegenheit macht Liebe.

(39) All animals are equal, but some are more equal than others. (G. Orwell)

f) Abweichungen von einer pragmatischen Norm

(40) Eins zu null! (hier als Kommentar gegenüber einem Gesprächspartner, der mit einer Behauptung wider Erwarten recht hat)

(41) Und bist du nicht willig, so brauch' ich Gewalt! (aus Goethes "Erlkönig", hier als Kommentar beim Unkrautjäten)

(42) Hier wendet sich der Gast mit Grausen. (aus Schillers "Ring des Polykrates", hier als Kommentar beim Anblick einer wenig einladend aussehenden Kneipe)

(43) When! (hier als Antwort auf die Aufforderung "Way when ...!" am englischen Frühstückstisch)

Wenn wir bei derartigen Aeusserungen jeweils von einer Abweichung von einer Norm sprechen, dann ist der Begriff Norm weit zu fassen, d.h. nicht nur im Sinne normativer Regelhaftigkeit und Systemkonformität, sondern auch im Sinne des Normalen, Üblichen, zu Erwartenden. In diesem letzteren Sinne abweichend sind z.B. die folgenden Aeusserungen:

(44) Alle kommen, weil alle kommen.

(45) Die 'Cap Anamur' scheiterte an ihren Erfolgen.

Das Besondere an diesen Aeusserungen ist ihre unübliche, vom Normalen abweichende, unerwartete, scheinbar unlogische Aussage. Erwartet hätte man Aeusserungen wie

(46) Alle kommen, weil es sich lohnt.

(47) Die 'Cap Anamur' scheiterte an ihren Schwierigkeiten.

Entsprechend möchte man auch die folgenden Aeusserungen interpretieren:

(48) Wenn schwarze Kirschen rot sind,
dann sind sie grün.

(49) Ein Politiker muss mit der Zeit gehen,
sonst muss er mit der Zeit gehen.

Bei genauerem Hinsehen können wir aber die vermeintliche Abweichung gar nicht mehr feststellen. Sie besteht nur scheinbar. Die Aeusserungen sind bloss homonym zu abweichenden Aeusserungen, die der Sprecher aber gar nicht gemeint hat. Er hat die Aeusserungen lediglich so geschickt formuliert, dass dem Hörer zunächst die abweichende Variante ins Auge sticht. Normalerweise sind normgerechte Aeusserungen nicht homonym (oder zumindest nicht so auffällig homonym) zu abweichenden Aeusserungen, und dies ist das Besondere, das tatsächlich Abweichende an ihnen.

Eine Aeusserung kann auch rückwirkend zu einem Sprachspiel gemacht werden, wenn eine Antwort im Dialog ihren Normstatus verändert:

(50) "Unser Herr Profitlich wird Sie in allen Geldangelegenheiten bestens beraten." - "Kunststück!"

(51) "Ich möchte zum Zoo!" - "Als was?"

(52) "Können Sie Kniebeugen?" - "Ja:
das Knie, des Knies, dem Knie, das Knie."

Für das Verständnis eines Sprachspiels ist die Kenntnis der Norm, von der es abweicht, unerlässlich. Die Analyse wird daher stets mit der Frage nach der entsprechenden normgerechten Aeusserung beginnen. Zu vielen Sprachspielen gibt es jedoch mehrere normgerechte Entsprechungen. Unser Beispiel (1) kann entweder als abweichender intransitiver Aktivsatz oder als abweichender transitiver Passivsatz interpretiert werden. Die beiden Abweichungen (entweder Anfügung von <u>worden</u> oder Einfügung von <u>gegangen</u>) führen zur gleichen Aeusserung. Da der Entstehungsprozess vom Hörer oft nicht rekonstruiert werden kann, müssen zumindest für ihn in solchen Fällen beide Erklärungen zulässig und somit als komplementär angesehen werden.

Die Möglichkeit sprachlicher Abweichungen impliziert feste Normen. Wo eine Norm sich lockert oder im Wandel begriffen ist, ist kein Sprachspiel möglich. Es kann aber sein, dass ein produktiver Abweichungstyp durch häufige Anwendung seine Originalität und Witzigkeit einbüsst und schliesslich eine neue Norm schafft. Als Einzelbeleg ist z.B. die (möglicherweise ursprünglich als unfreiwillige Fehlleistung entstandene) Wendung

(53) Konzertierte Aktion.

auf dem besten Wege, Normstatus im Deutschen zu erhalten. Das Abweichende an ihr wird kaum noch empfunden. Auf amerikanischen Verkehrsschildern gehört die Schreibung thru bereits zur Norm. Auch die in unserem Beispiel (1) angedeutete Norm scheint nicht mehr sehr stabil zu sein, denn es kursieren bereits Aeusserungen wie

(54) ein unverzichtbarer Bestandteil.

(55) die Behauptung darf nicht unwidersprochen bleiben.

(56) Hans siegte, gefolgt von Karl.

Diese Beispiele sind keine Abweichungen von der Norm, die an der Stelle der intransitiven Verben verzichten, widersprechen, folgen transitive Verben verlangt. Sie sind ursprünglich Fehlleistungen, die aber heute kaum noch als Fehler empfunden werden. Damit wird das Sprachspiel zu einem Prüfstein für die jeweilige Norm. Bleibt es als Spiel erhalten, stabilisiert es die Norm. Wird es produktiv abgenutzt, verändert es das Normgefüge, verliert aber zugleich auch seine witzige Besonderheit und ist dann kein Sprachspiel mehr.

Gibt es ein System der Normabweichungen? Theoretisch gibt es keine Beschränkungen bei der Veränderung normgerechter Aeusserungen. Bedingung ist lediglich, dass die Norm in der Aeusserung selbst für Sprecher und Hörer erkennbar bleiben muss. Die Abweichung darf also nicht total sein. Jede Abweichung lässt sich jedoch mit denselben Mitteln beschreiben, mit denen die entsprechende Norm erfasst wird.

Manche Sprachspiele treten mehrfach auf. Die ihnen zugrunde liegende Abweichung wird also produktiv. Zu unserem Beispiel (1) passen Belege wie

(57) Der Kanzler ist zurückgetreten worden.

(58) Hans ist aus dem Verein ausgetreten worden.

(59) Zwei Mitwisser sind gestorben worden.

Nach dem Muster (7) gebildet ist

(60) Radelbares Sauerland.

und nach dem Muster (25)

(61) Strudelwärts. (Name einer Musikgruppe)

In Anlehnung an Orwells Satz (39) lautet der Slogan einer Fluggesellschaft

(62) All European centers are central,
but one is more central.

Neben

(63) Der Bauer geht so lange zum Kruge,
bis er bricht.

gibt es inzwischen auch

(64) Der Student geht so lange zur Mensa,
bis er bricht.

Sprachspiele können an jeder Stelle eines Textes bzw. Dialoges erwartet werden. Neben spontanen Bildungen gibt es aber auch Konventionen, in denen sie zum ausdrücklichen Gegenstand der Unterhaltung werden. Witze, Scherzgedichte, Anekdoten, aber auch Kabarett und Komödie sind ein reiches Feld für sie. Verwiesen sei auch auf die zahlreichen 'klassischen' Belege aus der Literatur (Shakespeare, Lewis Carroll, Christian Morgenstern...) und nicht zuletzt auch auf die Reklame, die hofft, dass das schmunzelnde Wohlwollen des potentiellen Kunden gegenüber dem Sprachspiel dessen Einstellung zur Ware beeinflusst. Auch für die anspruchsvolle rückwirkende Erzeugung eines Sprachspiels (unsere Beispiele 50 bis 52), wobei z.T. noch eine Homonymierelation wie in unseren Beispielen (48) und (49) berücksichtigt wird, gibt es eine Spielkonvention, die vor etlichen Jahren in den USA und in England besonders beliebt war. Zu einer vorgegebenen Antwort soll eine Frage erfunden werden, die ein Sprachspiel erzeugt:

(65) Antwort: The Sunday Times.
Frage: What hours were you open on Good Friday, landlord?

(66) Antwort: In a nutshell.
Frage: And where do you live, Colonel?

(67) Antwort: Dr. Livingstone I presume.
Frage: What is your full name, Dr. Presume?

Zusammenfassung

- Sprachspiele sind gewollte Abweichungen von sprachlichen Normen.
- Der Begriff Norm umfasst das im Sinne des Sprachsystems Mögliche, den Usus und das statistisch Erwartbare, "Normale".
- Die Abweichung von der Norm ist im Sprachspiel signifikativ.
- Es gibt produktive Sprachspiele.
- Für manche Sprachspiele lassen sich mehrere komplementäre Erklärungen anführen.
- Sprachspiele sind ein Prüfstein für die sprachliche Norm. Sie können zur Stabilisierung oder zur Veränderung eines Sprachzustandes beitragen.
- Die Frage, ob es ein System der Abweichungen gibt, ist in gleicher Weise zu beantworten wie die Frage, ob es ein System der Norm gibt, denn beide können mit denselben linguistischen Methoden und Kategorien beschrieben werden.

Fussnoten

1. Süddeutsch auch: Viertel elf.
2. Wir verzichten im Rahmen dieser kurzen Abhandlung auf eine Unterscheidung von Norm und System im Sinne Coserius (1973). Gezielte Abweichungen kommen in beiden Bereichen vor. Die Frage, welche Sprachspiele als Abweichungen von der Norm und welche als Abweichungen vom System einzustufen sind, möge also hier offen bleiben. Angemerkt sei lediglich, dass ihre Beantwortung bei der praktischen Analyse unter Einbeziehung von Informanten oft Schwierigkeiten bereitet. Wir subsumieren hier alle Belege unter dem Begriff Normabweichung.

Bibliographie

Coseriu, E., Probleme der strukturellen Semantik. Tübingen 1973

Hausmann, F. J., Studien zu einer Linguistik des Wortspiels. Tübingen 1974

Lorenzer, A., Sprachspiel und Interaktionsformen. Frankfurt am Main 1977

Messmer, W., Französischer Sprachhumor. Bonn 1970

Reimann, H., Vergnügliches Handbuch der deutschen Sprache. Wiesbaden 1964

Schöne, A., Englische Wortspiele und Sprachscherze. Bonn 1968

Stählin, F., Sprache und Spiel. Utting/Ammersee 1978

Weis, H. Spiel mit Worten. Deutsche Sprachspielereien. Bonn 1965

Weis, H., Heiteres Französisch. Zur Kulturgeschichte des französischen Wortspiels. Bonn 1966

DEFINITIONSMACHT

Probleme in Instruktionen der betrieblichen Ausbildung

Reinhard Fiehler, Bielefeld

1. Definition des Instruktionsbegriffs und Beschreibung des Materials

Jemandem beizubringen, wie man etwas tut, d.h. ihm bestimmte Kenntnisse, Fertigkeiten und Fähigkeiten zu vermitteln, ist ein weit verbreiteter Interaktionstyp, der sowohl in Alltagssituationen wie institutionalisiert in Schul- und Berufsausbildung als Tradierung gesellschaftlich erarbeiteter Erfahrung von eminenter Bedeutung ist.

Den komplexen Interaktionsprozeß, in dem jemand, der eine bestimmte Fähigkeit besitzt, diese einem anderen vermittelt, bezeichne ich mit dem Begriff I n s t r u k t i o n bzw. U n t e r w e i s u n g .

In meinem Beitrag[1] werde ich mich mit einem speziellen Instruktionstyp beschäftigen und einige seiner spezifischen Probleme behandeln. Bei dem Material, das diesem Beitrag zugrundeliegt, handelt es sich um Videoaufzeichnungen aus der überbetrieblichen Ausbildung von Bergleuten in einem Übungsbergwerk. Dieses Korpus von Aufnahmen wurde im Rahmen eines gemeinsamen Forschungsprojekts von Dr. G. Brünner (Dortmund) und mir im März/April 1981 erstellt.

Aufgezeichnet wurden 11 Unterweisungen im Umfang von jeweils 2 bis 3 Stunden. Sie stammen aus 10 verschiedenen Lehrgängen, die an speziellen Ausbildungsplätzen in dem Übungsbergwerk durchgeführt werden. Bei den Instruktionen unterweist ein Ausbilder (A) jeweils eine Gruppe von Auszubildenden (Azubis), die zwischen 6 und 13 Personen umfaßt.

Aus Umfangsgründen muß ich mich hier darauf beschränken, Material aus einer Unterweisung (A 4: Wartung des Kettensterns am Zweikettenförderer) heranzuziehen.

Instruktionen, wie sie in der (über-)betrieblichen Berufsausbildung zwischen Ausbildern und Auszubildenden ablaufen, stellen in mehrfacher Hinsicht einen spezifischen T y p der Vermittlung von Fähigkeiten dar.

Zum einen erfolgen die Instruktionen unter den Bedingungen und im Rahmen der Zwecke einer spezifischen I n s t i t u t i o n (Betrieb, hier speziell: Bergwerk). Dies bedeutet in unserem Fall, daß die Instruktionen von (wie unzureichend auch immer) ausgebildeten, spezialisierten und professionellen Instrukteuren, die über eine gewisse Instruktionsroutine verfügen, erteilt werden. Und es bedeutet ferner, daß die Instruktionen in dieser Phase der Ausbildung räumlich und organisatorisch g e t r e n n t von der realen, produktiven Arbeit unter Tage - eben in einem Übungsbergwerk - stattfinden. Einige Auswirkungen dieser Tatsache auf die Instruktion und speziell auf den Instruktionsdiskurs sind der zentrale Gegenstand dieses Beitrags.

Spezifisch ist zum zweiten, daß es vorrangig um die Vermittlung von Fähigkeiten zu bestimmten (berufsspezifischen) p r a k t i s c h e n Tätigkeiten geht. Es steht also nicht - wie z.B. in der Schule - die Vermittlung von Fähigkeiten zu Bewußtseins- oder kommunikativen Tätigkeiten im Vordergrund. Speziell vermittelt die hier behandelte Instruktion Fähigkeiten zur Reparatur und Wartung einer Maschine.

Zum dritten handelt es sich um eine Instruktion zwischen E r w a c h s e n e n .

Wie sehr es sich um einen spezifischen - wenngleich auch häufigen und gesellschaftlich relevanten - Instruktionstyp handelt, mag deutlich werden, wenn man sich Beispiele für Instruktionstypen, die andere Merkmale aufweisen, vor Augen hält: eine Mutter erklärt ihrem Kind, wie man eine Schuhschleife bindet; ein Lehrer vermittelt Schülern, wie man Maxima einer Kurve berechnet etc.. Daß solche Spezifika erhebliche Auswirkungen auf die Struktur der Instruktion wie auch des Instruktionsdiskurses haben, muß evident sein.

2. Simulation

Die Instruktionen erfolgen (in dieser Phase der Ausbildung) abgelöst vom faktischen Produktionsprozeß unter Tage in einer eigenständigen Institution bzw. organisatorischen Einheit (Übungsbergwerk), in der die Bedingungen der realen Arbeit, was die räumliche Gestaltung und die Maschinenausstattung angeht, bis zu einem gewissen G r a d e nachgeahmt, s i m u l i e r t werden. Die Abtrennung der Ausbildung von der realen Arbeit und ihre Verselbständigung als Institution ist eine spezifische Organisationsform der Ausbildung, die sich historisch entwickelt hat und die heute keineswegs selten anzutreffen ist.

Die Simulierung der Untertageverhältnisse hat nun notwendigerweise immer eine begrenzte Reichweite bzw. Genauigkeit. Dies macht es erforderlich, neben der faktischen Situation, in der sich die Ausbildungsinstruktion abspielt, immer noch kontrafaktisch Elemente bzw. Situationsbedingungen mindestens einer anderen Situation zu definieren. Die andere Situation ist häufig (aber keineswegs ausschließlich[2]) eine Situation aus der realen Arbeit unter Tage, wie die Ausbilder sie selbst erfahren haben bzw. sie sie sich vorstellen.

Die Einführung der Situationsbedingungen der anderen Situation erfolgt kommunikativ. Eine Reihe von Äußerungen des Instruktionsdiskurses dienen dazu, kontrafaktische Situationsbedingungen einzuführen. In der faktischen Ausbildungssituation wird eine fiktive Situation durch Äußerungen kommunikativ geschaffen und stabilisiert. Die von der realen Arbeit losgelöste Organisation der Ausbildung macht entsprechende Anteile des Instruktionsdiskurses notwendig, sie bringt spezifische kommunikative Erfordernisse mit sich.

In der faktischen Situation, in der die Instruktion abläuft, ist der Kettenstern des Zweikettenförderers, der gewechselt werden soll, weder lose noch verschmutzt (weil eben in diesem Übungsbergwerk keine Kohle gefördert wird), aber er wird kommunikativ als lose und verschmutzt d e f i n i e r t , um die Instruktion 'Wartung des Kettensterns' durchführen zu können.

Man kann die kommunikative Einführung kontrafaktischer Elemente dadurch verringern, daß man die Genauigkeit der Simulation erhöht (z.B. den Kettenstern vor der Instruktion löst und verschmutzt), und es gibt hier durchaus ausbilderspezifische Unterschiede[3], aber ihre bei dieser Organisationsform der Ausbildung strukturelle Notwendigkeit kann man nicht aus der Welt schaffen. Die Abweichungen der faktischen Ausbildungssituation von anderen Situationen (unter Tage, Prüfung) m ü s s e n im Instruktionsdiskurs thematisiert werden.

Mit dieser Konstellation, wo in einer faktischen Situation eine andere simuliert wird, sind nun eine Reihe von Problemen verbunden. Die verbal eingeführte, kontrafaktische Situation kann einerseits unterschiedlich k l a r bzw. präzise umrissen sein. Sie kann andererseits - und das ist für die Handlungsmöglichkeiten der an der Interaktion Beteiligten viel schwerwiegender - i n s t a b i l sein. D.h. im Verlauf der Instruktion kann die kontrafaktisch eingeführte Situation (zumeist vom Ausbilder) bewußt oder unbewußt verändert werden. Bei der Analyse von Beispiel 1 werden wir sehen, wie der Ausbilder zwischen einer Definition der kontrafaktischen Situation als Wartung bzw. als Wechsel hin und her schwankt. Eine andere Form der Instabilität besteht darin, die kontrafaktische Situation (angekündigt oder nicht angekündigt) zeitweise außer Kraft zu setzen und ausschließlich auf die Situationsbedingungen der faktischen Situation zu rekurrieren.

Wenn ich es noch einmal vereinfacht sagen darf: Auf eine reale Situation wird sprachlich eine zweite gesetzt, die aber höchst windig und wacklig ist.

Es hat nun seine spezifischen Schwierigkeiten für die Auszubildenden (aber auch für den Ausbilder), in solch einer Mischung aus realer und verbal definierter Situation zu handeln. Ein Teil der Situations- und damit Handlungsbedingungen ist eben nicht sinnlich-real gegeben, sondern nur symbolisch eingeführt und muß von daher jeweils mitgedacht werden. Das Handeln wird durch diese gedachten Handlungsbedingungen z.T. zu einem Handeln gegen die Fakten. Der reale Kettenstern ist sauber und gefettet. Er wird aber als verschmutzt gedacht, und nun wird der saubere und gefettete Kettenstern erneut geputzt. Praktische Handlungen dieser Art haben eine spezifische Modalität und spezifische Resultate. Diese Form des Handelns ist höchst schwierig und erfordert spezifische Fähigkeiten. Sie stellt neben den normalen Problemen des Fähigkeitserwerbs zusätzliche Anforderungen an die Auszubildenden.

Das Handeln in solch einer Situation wird in dem Maße unmöglich, wie die verbal eingeführten Handlungsvoraussetzungen nicht klar bzw. instabil sind. Wenn der Ausbilder, ohne daß er es kenntlich macht, die zu simulierende Situation umdefiniert oder sie partiell außer Kraft setzt, macht er den Auszubildenden das ohnehin schwierige Handeln tendenziell unmöglich und macht sie abhängig von seinen Adhoc-Definitionen der Situation.

3. Beispielanalysen

Es ist an der Zeit, meine Überlegungen durch die Analyse von vier Beispielen zu verdeutlichen:

3.1 Transkriptionsausschnitt 1

A 4: Abschnitt 'Erklären': Phase 1, 2 und 6

A: Erste Schicht sind wir ja hergegangen, haben über Aufbau . Wirkungsweise eines Kettenförderers gesprochen .. und die zweite Schicht, die wollen wir somit beginnen, das heißt, heute wollen wir ma hergehen und einen . Kettenstern auswechseln. Ja? Und wie dieses geschieht . das wird so ablaufen, daß ich dies erstma erklären werde, zweitens vorführen und drittens nachher, daß das drei Mann nacharbeiten werden.

((Auslassung))

A: So, jetzt müssen wir zunächst erstma wissen, warum wechseln wir überhaupt einen Kettenstern aus. Nen Kettenstern wechseln wir aus, wenn er defekt ist. Der Kettenstern ist ja hier vorne bei uns . das ist die sogenannte . Antriebstrommel oder Kettenstern eines Doppelkettenförderers. Der wird ausgewechselt, wenn . meinetwegen jetzt ein Zahn ausgebrochen ist, wenn eine Zahntasche eben oder die Zahntaschen ausgearbeitet sind oder wenn der Kettenstern meinetwegen jetzt lose auf den Wellenstümpfen liegt, das heißt, daß er Luft gekriegt hat.

((Auslassung))

A: Ich kann nicht hergehen, eine Arbeit anfangen, und dann lauf ich nachher rum und such mir erstmal meine Sachen, die ich dafür gebrauch. Vorausgesetzt der Kettenstern muß ja natürlich auch an Ort und Stelle legen . oder was wir nämlich hier heute machen werden: der Kettenstern ist lose und somit müssen wir diesen abschrauben und reinigen, das heißt, einmal den Wellenstumpf, einmal die Kettensternhälften und dann die Kettensternhälften wieder aufbauen, die gleichen, die dran sind. . Ja?

Das Beispiel zeigt, daß schon bei der anfänglichen Aufgabenformulierung die Definition von A hinsichtlich der zu simulierenden Situation nicht stabil ist. Sie schwankt zwischen Wechsel und Wartung des Kettensterns. Auch die abschließende Festlegung auf Wartung ist im folgenden nicht stabil: immer wieder wird der Wechsel thematisiert. Resultat dieses Schwankens ist wohl auch der interne Widerspruch, daß einerseits A einen Wechsel für angezeigt hält, wenn der Kettenstern lose ist, andererseits aber Wartung als Aufgabe am losen Kettenstern formuliert. Verschiedene mögliche Situationen, die unter Tage auftreten können (verschiedene Arbeiten am Kettenstern), fließen bei A in einer Instruktion zusammen und lassen die Definition ständig schwanken.

Für die Azubis macht die instabile Situationsdefinition unklar, welche Tätigkeiten im Abschnitt 'Nachmachen' von ihnen erwartet werden. Beispiel 3 ist möglicherweise eine Folge dieser Instabilität.

3.2 <u>Transkriptionsausschnitt 2</u>

A 4: Abschnitt 'Nachmachen': Phase 5

1	A:	So, alles klar. Überprüft. Und jetzt könnt ihr dann
	S:	Hm.
2	A:	anfangen zu arbeiten.
	S:	((12 sec. Schraubgeräusche))
3	A:	So halt, als erste Arbeit/was müßtet ihr als erste Ar-
4	A:	beit machen? Ihr habt abgeschaltet
	S:	H. Schild vorgehan-
5	A:	Schild vorgehangen und jetzt wollt ihr hergehen und
	S:	gen
6	A:	den Kettenstern auseinanderschrauben. Ja? Was
	S:	(..)
7	A:	müßtet ihr jetzt als erste Arbeit machen?
	S:	Kennzeichnen.
8	A:	Aha. Und warum macht ihr das nicht?
	S:	Weil's (noch) ge-
9	A:	Ja das hat ja der Herr A gemacht. Ist das rich-
	S:	kennzeichnet ist.
10	A:	tig? Das kann ja auch ebenso gut
	S:	Na gut. verwischt sein

11 A: verwischt sein. Ne? Und deswegen müßt ihr das auch

12 A: gleichzeitig kennzeichnen. Alles klar. So.
S: Alles klar.

Eine Gruppe von Azubis beginnt, die Wartung des Kettensterns nachzuarbeiten. Dabei vergißt sie, eine Markierung, wie die beiden Kettensternhälften zusammengehören, anzubringen. Eine solche Markierung ist von der Vorführung durch A noch deutlich sichtbar am Kettenstern.

Das Beispiel zeigt, welche Schwierigkeiten es den Azubis bereitet, konsequent relativ zur verbal definierten Situation zu handeln. Obwohl der Stern faktisch gekennzeichnet ist, müssen sie davon ausgehen, daß er es in der simulierten Situation nicht ist. Es bestehen zwei Handlungsmöglichkeiten: entweder die Kennzeichnung praktisch zu wiederholen oder verbal darauf hinzuweisen, daß jetzt eine Markierung anzubringen wäre und man die vorhandene für die zu machende nimmt.[4]

Die Begründung von A, warum gekennzeichnet werden muß ('Das kann ja auch ebensogut verwischt sein.'), geht an dem Problem vorbei, indem sie sich nicht stringent auf die Bedingungen der simulierten Situation bezieht. In jener Situation ist eben keine Markierung vorhanden, die verwischt sein könnte.

3.3 Transkriptionsausschnitt 3

A 4: Abschnitt 'Nachmachen': Phase 16

1 S: (Müssen wir) mit säubern und alles machen?
A: Ja nu klar,

2 A: hab ich ja auch gemacht. Warum denn nicht?.. Ich habe

3 A: ja gesagt, der Kettenstern ist lose . auf den Wellen-

4 A: stümpfen, deswegen wechseln wir diesen aus. . Ja?

Auch Beispiel 3 verdeutlicht die Schwierigkeiten, in der verbal definierten Situation zu handeln. Die Frage des Azubi läßt sich auf zwei verschiedenen Hintergründen verstehen. Zum einen kann es die Frage nach der - zuvor nie restlos geklärten - Definition der Situation sein: ob der Kettenstern gewartet oder ob er gewechselt werden soll, was nicht unbedingt die Reinigung miteinschließt. Zum anderen kann es die Frage danach sein, wie weit die Simulation auch praktisch durchgeführt werden muß: ob der saubere, vom Ausbilder bei der Vorführung noch einmal gesäuberte Kettenstern ein weiteres Mal geputzt werden soll. In diesem Fall setzten sich dann auch wieder die Bedingungen der faktischen Situation gegen die verbal definierte (zumindest in Form eines Zweifels oder einer Unsicherheit) durch.

Auch hier argumentiert A in seiner Begründung nicht konsequent mit der definierten Situation. Zunächst setzt er seine eigene Vorführung als Maßstab, bevor er dann auf die definierte Situation zurückgreift. Diese beschreibt er dann aber als Wechsel, nicht unbedingt als Wartung des Kettensterns.

3.4 Transkriptionsausschnitt 4

A 4: Abschnitt 'Nachmachen' Phase 22

1 A: So. (..) Weiter Moment.
S: Na ich/ Wie ham wir/wie ham wir

2 S: die rausgekriegt? Hab ich vorhin nicht gesehn.

3 A: Haste vorhin nicht gesehn? Alles klar. Ist gut, wenn de

4 A: das fragst. Wir ham gesagt . hier die Seiten . müssen

5 A: schön . glatt sein. ((A erklärt im folgenden die Tätig-

6 A: keit)) Wir wollen uns dieses aber . sparen. Ist gut, daß

7 A: du da aufgepaßt hast. Ist klar, wir brauchen das jetzt

8 A: nicht rausnehmen. Der Kettenstern ist ja hier sauber,

9 A: das heißt, die Paßfedern liegen richtig drin, das haben

10 A: wir ja eben gesehn, die war richtig schön zusammen
S: Hm.

11 A: also brauchen wir praktisch die Paßfedern hier nicht

12 A: rausnehmen.

Das Beispiel ist das genaue Gegenstück zu 2 und 3, wo die Azubis mit Bedingungen der faktischen Situation zu argumentieren versuchten. Was sie u.a. daraus lernen, ist, daß quod licet Jovi non licet bovi. Diese Instabilität muß auf die Azubis zumindest irritierend wirken. Die Uneindeutigkeit (Beispiel 1) und die Instabilität (Beispiel 4) der Situationsdefinition verunmöglichen den Azubis tendenziell ein stabiles Handeln in der verbal eingeführten, kontrafaktischen Situation, mit der sie ohnehin genug Probleme (Beispiel 2 und 3) haben. Die Instabilität der Situationsdefinition macht sie abhängig vom Ausbilder. Ihnen bleibt nur, auf seine wechselnden Definitionen zu reagieren.

4. Disziplinierung durch Desorientierung

In der Ausbildung werden Situationen, in denen etwas getan werden muß, simuliert. Die Situationsbedingungen werden z.T. verbal eingeführt bzw. definiert. Die Definitionsmacht für die Ausgestaltung dieser Situationen besitzen die Ausbilder. Über die Definition der Situation geht die Untertageerfahrung der Ausbilder in die Ausbildung ein.

Aufgabe der Ausbilder ist aber nicht nur die Fähigkeitsvermittlung, sondern - bedingt durch den institutionellen Rahmen der Ausbildung - auch ganz wesentlich die Motivierung bzw. Disziplinierung der Auszubildenden.

Meine These ist, daß die Definitionsmacht, indem die simulierte Situation nicht klar definiert bzw. die Definition der Situation nicht konstant gehalten wird, wie bewußt auch immer benutzt wird, um die Auszubildenden zu desorientieren. Da der Bezugsrahmen für ihre Tätigkeiten nicht klar bzw. instabil ist, wird ihnen tendenziell ein stringentes Handeln verunmöglicht. Sie müssen die jeweilige Definition des Ausbilders erraten, was sie von ihm, nicht aber unbedingt von den sachlichen Erfordernissen der Tätigkeit abhängig macht. Diese Desorientierung, die ein selbständiges Handeln verhindert, hat dadurch zugleich schon im Vorgriff eine disziplinierende Wirkung. Die Auszubildenden können nur den wechselnden Definitionen und Anweisungen des Ausbilders folgen. Der simulative Charakter der Ausbildung schafft die strukturellen Voraussetzungen für diese Form der Disziplinierung. Die Verfahren der Disziplinierung durch Desorientierung stabilisieren und erleichtern die Rolle des Ausbilders in der Ausbildungssituation.

Anmerkungen

1 Dieses Papier entstand im Rahmen des Projekts 'Funktion und Stellenwert der Kommunikation bei der Vermittlung praktischer Fähigkeiten. Empirische Untersuchungen von Instruktionen aus der Lehrlingsausbildung', OZ 2382, Universität Bielefeld, Fakultät für Linguistik und Literaturwissenschaft.

2 Bei den Ausbildern lassen sich drei wesentliche Orientierungen feststellen: Orientierung an einer Untertagesituation, Orientierung an der Prüfungssituation und Orientierung an der Hic-et-nunc-Situation. Die mit diesen Orientierungen und Orientierungswechseln verbundenen Probleme werden ausführlich behandelt in: G. Brünner/R. Fiehler: Orientierungsprobleme in der betrieblichen Ausbildung (demnächst).

3 Ein anderer Ausbilder beispielsweise macht vor der Instruktion einen Schnitt in das Gurtband eines Gurtförderers und macht damit die Ausbildungssituation zu einer, in der dann auch f a k t i s c h repariert werden muß.

4 A begeht einen strukturell ähnlichen Fehler, wenn er beim Vormachen der Kettensternwartung vergißt, die (gefetteten) Kettenhälften neu zu fetten.

DER PARLAMENTARISCHE ZWISCHENRUF ALS MEHRFACHADRESSIERTE SPRACHHANDLUNG

Peter Kühn, Trier

1. Der Zwischenruf als inszenierte parlamentarische Kommunikation

Am 24.4.1958 äusserte sich der damalige Vizepräsident des Deutschen Bundestages, Dr. Becker, vor dem Parlament über Zwischenrufe:

> (1) Es gibt drei Sorten Zwischenrufe: Die erste sind die Rohrkrepierer, die schaden. Die zweite sind die Bumerangs, die schaden auch. Die dritte sind die, die als Florettstiche wirklich sitzen.

In dieser Aussage über den Gebrauch von Zwischenrufen werden zwei mögliche Wirkungsabsichten unterschieden: Es gibt Zwischenrufe, die den Zwischenrufer blossstellen, ohne dass sie vom politischen Kontrahenten repliziert werden, solche, die den Zwischenrufer blossstellen, weil der Redner den Zwischenruf geschickt pariert hat und solche, die den Redner blossstellen, weil sie die vom Zwischenrufer gewünschte, imageschädigende Wirkung erreicht haben, sie haben gesessen. Ist der Zwischenruf gelungen, d.h., hat er als Florettstich gesessen, so hat der Zwischenrufer den Redner blamiert und sich selbst gleichzeitig herausgestellt, indem er sich als geschickter, wortgewandter, spontaner oder überlegter Debatter erwiesen hat. Liegt die Blamage beim Zwischenrufer, so hat sich der Redner als clever, klug und geschickt profiliert. Sich oder jmdn. blossstellen/blamieren bzw. sich oder jmdn. herausstellen/loben sind zwei Seiten einer Medaille: Wenn man sich selbst durch einen Zwischenruf blossstellt, hat man selbst seinen politischen Kontrahenten, den Redner, herausgestellt; hat der Redner den Zwischenrufer blossgestellt, so hat er sich dadurch selbst herausgestellt; hat sich der Redner in seiner Replik blossgestellt, hat er den Zwischenrufer gleichzeitig herausgestellt.

Beim Zwischenrufen handelt es sich um ein Blossstellen bzw. Herausstellen vor anderen, vor den Fraktionskollegen, vor der Opposition, vor der Regierung und aufgrund der Oeffentlichkeit von Parlamentsdebatten vor den anwesenden Journalisten und Zuschauern sowie vor der politisch-interessierten, nicht-anwesenden Oeffentlichkeit. Daher können Zwischenrufe als mehrfachadressierte Sprachhandlungen bezeichnet werden: Der Zwischenrufer attackiert den Redner, wendet sich jedoch gleichzeitig an die parlamentarische und politisch-interessierte Oeffentlichkeit. Umgekehrt repliziert der Redner den Zwischenruf, indem er ihn vordergründig an den Zwischenrufer, wegen der gewünschten Doppelwirkung jedoch in erster Linie an die Adresse der Fraktion, Opposition, Regierung und/oder der politisch-interessierten Oeffentlichkeit richtet. Die plumpeste Methode solcher mehrfachadressierter Sprachhandlungen sind Zwischenrufe, die als Beschimpfen, Verballhornen, Beleidigen, Schmähen usw. bezeichnet werden können:

(2) Das ist eine 'sonderbahrsche' Politik (Rawe, CDU/CSU über Bundesminister Bahr, SPD am 15.2.1973)

(3) Der Arbeitslosenberg ist grösser als der Ehrenberg (Blüm, CDU/CSU über Bundesarbeitsminister Ehrenberg, SPD am 12.5.1977)

(4) Übelkrähe! (Wehner, SPD zu Wohlrabe, CDU/CSU am 14.10.1970)

Solche Paronomasien können von dem direkt Angesprochenen als Beleidugungen usw. interpretiert werden, gegenüber den übrigen Parlamentskollegen werden solche Zwischenrufe häufig als originell, spontan und geschickt angesehen. In der politisch-interessierten Oeffentlichkeit wiederum könnten solche Aeusserungen entweder ebenfalls als originell oder aber als verabscheuungswürdig wirken, je nachdem, ob der parlamentarische Disput als "Schaukampf" angesehen, oder ob die Debatte als ernsthafte, rationale Auseinandersetzung begriffen wird, in der solche Invektiven nichts zu suchen haben. Nicht selten bestimmen solche Zwischenrufe in den Augen der Oeffentlichkeit Originalität und Redefähigkeit eines Abgeordneten, z.B. <u>Schmidt-Schnauze</u> für Helmut Schmidt, SPD.

Geht der Redner auf den Zwischenruf ein, so initiiert er ein mehr oder weniger langes "Gespräch" mit dem Zwischenrufer, in das sich u.U. weitere Abgeordnete durch Zwischenrufe einschalten können. Gespräche gelten in der Regel durch ihren "Paarcharakter" als gekennzeichnet (GOFFMAN 1976, 257). Als das "hervorstechende Merkmal" wird der gesprächsorganisatorische und -thematische Wechsel zwischen den Kommunikationspartnern angesehen (HENNE/REHBOCK 1979, 14), für den das "Kooperationsprinzip" mit untergeordneten Maximen des Redewechsels gilt (GRICE 1975). Die Beschreibung von Sprache in Institutionen hat jedoch gezeigt, dass Sprechen und Schreiben als ein an sich vernünftiges Handeln eine Idealisierung darstellt, die Herrschaftsfreiheit zwar voraussetzt, die jedoch selbst in Alltagsgesprächen nicht oder nur sehr selten gegeben ist (vgl. zu dieser Kritik BRAUNROTH u.a. 1975, 184-186). Gerade die parlamentarische Debatte kann als Beispiel für eine assymetrische, nicht auf kooperativen Bemühungen der Partner beruhende Kommunikation bezeichnet werden, da die heutige Art der Debatte nur noch "in den seltensten Fällen eine Bekehrungsfunktion hat" (WETTE 1968, 184). Der Behauptung, dass es Aufgabe des Parlamentes sei, den Bürgern "das demokratische Spiel vorzuführen" und "beispielhaft demokratischen Habitus zu zeigen", indem es die "Existenzprobleme der Nation repräsentativ diskutiert" (LAUFER 1966, 127), steht die durch nichts zu widerlegende Feststellung gegenüber, dass die parlamentarische Debatte das "Publikationsfeld" der politischen Auffassungen von Parteien, Fraktionen und Regierung ist (vgl. WETTE 1968, 185-186), Parlamentsreden sind "Reden zum Fenster hinaus". Das besondere an der parlamentarischen Debatte des Deutschen Bundestages liegt daran, dass vor den eigentlichen Parlamentsaussprachen bereits alle Vereinbarungen und Kompromisse in der Abgeschlossenheit von Fraktions- und Ausschussitzungen getroffen wurden. Die Vereinbarungenund Absprachen betreffen dabei sowohl organisatorische als auch inhaltliche Grundsatzentscheidungen, denn "die Parlamentsdebatten werden vom Aeltestenrat und den parlamentarischen Geschäftsführern in Regie genommen; die Hauptredner sind zuvor von den Fraktionen bestimmt worden und halten oft lange Monologe, während Aussenseiter nur wenig Chancen haben, im Plenum zu Wort zu kommen. Auf diese Weise geht Spontaneität, welche die Debatte beleben könnte, verloren" (EUCHNER 1972, 307), zum anderen ist die parlamentarische Debatte "kein integraler Bestandteil des im Bundestag stattfindenden Diskussions- und Verhandlungsprozesses, sondern eher ein Etikett für diesen Prozess" (LOEWENBERG 1971, 474), Debatten haben den Charakter von "Nachhutgefechten" (SONTHEIMER 1971, 148). Auf diese Annahme der inszenierten Ritualisierung politischen Handelns hat besonders M. EDELMAN (1967) aufmerksam gemacht, der von einer "Doppelung der Realität des Politischen" ausgeht: Politik ist "ein Drama, das gleichzeitig von und vor vielen Zuhörern aus verschiedenen sozialen Lebensumständen gespielt wird" (EDELMAN 1976, 167). In Bezug auf die Sprache, als einer besonderen Art des politischen Handelns, zeigt EDELMAN (1976, 169), "dass die Bedeutung einer Sprechweise für eine unorganisierte, unbeteiligte Massenöffentlichkeit und deren Reaktion, nicht selten der Bedeutung für direkt beteiligte Gruppen diametral entgegengesetzt ist." Parlamentsdebatten werden von den Akteuren so inszeniert, dass die Oeffentlichkeit den Eindruck gewinnt, es handele sich um eine rationale, argumentative Auseinandersetzung mit dem Ziel des politischen Konsensus, in Wirklichkeit müssen diese Debatten in der Regel als Zeremonie zur Rechtfertigung vorab festgelegter Positionen angesehen werden. DIECKMANN (1981, 266) schlägt im Anschluss an die Arbeiten von EDELMAN vor, bei der Modellierung für die Analyse institutioneller Kommunikation von "Doppeladressierungen" auszugehen: Eine Kommunikation mit gedoppeltem Adressaten nennt er - analog zur monologischen und dialogischen Kommunikation - dann "trialogisch", wenn ein Sprecher/Schreiber "sprachlich handelt, mit zwei Hörern oder Lesern (bzw. Gruppen von Hörern oder Lesern) in unterschiedliche Beziehungen tritt, wobei auch die Aeusserungsprodukte für die verschiedenen Adressaten verschiedene sprachliche Handlungen sind."

2. Zum Beispiel: Anwesenheit der Regierungsmitglieder

Verursacht wird die Asymmetrie der parlamentarischen Debatte durch die Mehrfachadresse der Rednerbeiträge. Der Propagandaeffekt politischer Debatten besteht nämlich zum grössten Teil darin, dass den Zuschauern, -hörern und Lesern parlamentarischer Debatten(auszüge) nicht bewusst ist, dass sie selbst und nicht die unmittelbar angesprochenen Parlamentarier die Adressaten der Rede sind, und dass dieselbe Aeusserung an die Adresse der Regierung, der Abgeordneten oder aber an die der Oeffentlichkeit eine jeweils andere Bedeutung haben kann. Der Versuch mancher Parlamentsabgeordneter, die Nicht-Anwesenheit von Regierungsmitgliedern und Abgeordneten der Oeffentlichkeit als Zeichen mangelnden politischen Interesses propagandistisch auszuschlachten, kann als besonderer Beleg für die Mehrfachadresse parlamentarischer Debattenbeiträge herangezogen werden. Dazu ein Beispiel:

(5) Vizepräsident Frau Funcke: Meine Damen und Herren, es ist Aktuelle Stunde beantragt. Der Antrag ist ausreichend unterstützt. Ich rufe daher die

Aktuelle Stunde

auf. Wird das Wort begehrt? - Herr Abgeordneter Dollinger!

Dr. Dollinger (CDU/CSU): Frau Präsidentin! Meine sehr geehrten Damen und Herren! Zunächst von dieser Stelle einen herzlichen Genesungswunsch an den erkrankten Herrn Minister Leber. Wir haben eine gute Vertretung, ich möchte sagen: den heimlichen Postminister.

(Abg. Erhard (Bad Schwalbach): Eigentlich müsste Herr Schiller hier sein, der Schuldige!)

Meine Damen und Herren, die Deutsche Bundespost ist eine der modernsten Postinstitutionen der Welt.

(Zurufe von der CDU/CSU.)

Die Deutsche Bundespost ist das grösste Unternehmen an Dienstleistungen, was wir haben. Und diese Deutsche Bundespost steckt in einer schweren Krise.

(Zustimmung bei der CDU/CSU.)

Herr Staatssekretär Gscheidle, Sie sagten, dass bereits zu meiner Zeit - 1969 - eine Gebührenerhöhung hätte erfolgen müssen. Ich möchte deshalb auf die Finanzübersicht 2493 vom 26. März 1969 verweisen, in der die Gewinne errechnet waren:

(Abg. Wohlrabe: Es ist kein Minister hier!)

für 1969 450 Millionen DM, für 1970 450 Millionen DM, 1971 485 Millionen DM, 1972 445 Millionen DM,

(Zuruf von der CDU/CSU: So wenig Interesse haben die!)

1973 300 Millionen DM. (...)
(VERHANDLUNGEN DES DEUTSCHEN BUNDESTAGES 1972, 10163).

Es handelt sich um den Debattenbeginn einer Aktuellen Stunde, die Abgeordnete der CDU/CSU-Fraktion zum Problem "Gebührenerhöhung bei der Bundespost" beantragt haben. Kennzeichnend für den gesamten Ablauf dieser Aktuellen Stunde sind die weit über 60 Zwischenrufe der CDU/CSU-Fraktion, in denen die Nicht-Anwesenheit der Bundesregierung während dieser Debattenstunde beklagt wird: Es ist kein Minister hier! So wenig Interesse haben die! Kein Minister hier! Es ist immer noch kein Minister hier! Wo ist die Regierung? Diese Regierung traut sich gar nicht mehr ins Plenum! Eigentlich müsste Herr Schiller hier sein, der Schuldige! Auch die Minister der FDP sind nicht da! Die Minister halten ihren Mittagsschlaf! Wo ist der Chefinflationist? Die Regierung versteckt sich hinter den Beamten! Die leere Regierungsbank schadet dem ganzen Haus! Seit einer Stunde ist kein Minister aufzufinden! usw. In Art. 43 GG ist in bezug auf die Anwesenheit von Regierungsmitgliedern festgelegt, dass der Bundestag und seine Ausschüsse die Anwesenheit jedes Mitgliedes der Bundesregierung verlangen können, jedoch handelt es sich hierbei um ein Interpellationsrecht, das nur in besonderen Fällen angewendet wird. Regierungsmitglieder können sich durch beamtete oder Parlamentarische Staatssekretäre vertreten lassen. Die Vertreterbefugnis hängt zwar weitgehend vom Willen des jeweiligen Ministers ab (vgl. §14a GOBReg.), dennoch ist sie zum parlamentarischen Usus geworden, sie wird von den Staatssekretären "intensiv wahrgenommen" (RÖHRING 1970, 339). Aufgrund der Vorherrschaft der Experten hat der Bundestag die Staatssekretäre als Ministervertretung akzeptiert, dafür "hat sich eingebürgert, dass der Staatssekretär sich der Polemik enthält und umgekehrt nicht polemisch angegriffen wird" (RONGE 1970, 461). Obwohl sich ein Minister durch die Entsendung eines seiner leitenden Beamten im Bundestag vertreten lassen kann, liegt es doch in seinem eigenen Interesse, selbst im Bundestag zu erscheinen. Die Vertretermöglichkeit kann somit taktisch genutzt werden (vgl. dazu

LOEWENBERG 1971, 481 ff.), ist jedoch häufig auch ein Zugeständnis an den sacherfahreneren Staatssekretär bei Expertenauseinandersetzungen. Die Anwesenheit des Ministers signalisiert darüber hinaus die politische Wichtigkeit und Brisanz der behandelten Themen. In der vorliegenden Aktuellen Stunde sind die zuständigen Ministerien in der Aussprache durch ihre Staatssekretäre vertreten.

Zu Beginn des o.a. Debattenausschnittes übermittelt der CDU/CSU-Redner Dollinger dem erkrankten SPD-Postminister Leber "einen herzlichen Genesungswunsch". Minister Leber wird in dieser Aktuellen Stunde durch seinen beamteten Staatssekretär Gscheidle vertreten. Mit den nachfolgenden Zwischenrufen versucht nun die CDU/CSU- Opposition die Nicht-Anwesenheit der Regierungsmitglieder anzuzeigen. Jeder Abgeordnete im Plenarsaal weiss, dass es keine generelle Anwesenheitspflicht für Regierungsmitglieder gibt, dennoch wird von Seiten der CDU/CSU-Fraktion ständig auf die Nicht-Anwesenheit der Minister hingewiesen. AMMANN (1928, 147) hat darauf aufmerksam gemacht, dass "sinnlich Gegenwärtiges" nicht Inhalt einer Tatsachenmitteilung sein kann. Für die Mitteilung von Tatsachen gelten zwei Bedingungen: (1) Sprecher nimmt an, dass dem Hörer die Tatsache unbekannt ist und (2) Sprecher nimmt an, dass die betreffende Tatsache für den Hörer von Bedeutung ist oder sein könnte. Da alle anwesenden Abgeordneten feststellen können, Es ist kein Minister hier!, muss diese Feststellung des Zwischenrufers Wohlrabe für die Abgeordneten neben einer Aufmerksamkeitssteuerung auf den Wahrnehmungsbereich (vgl. BUBLITZ/KÜHN 1981, 57 f.), eine andere zusätzliche Bedeutung enthalten. Der Zwischenruf des Abgeordneten Wohlrabe, Es ist kein Minister hier!, kann daher als inszenierte parlamentarische Kommunikation angesehen werden, die mehrfachadressiert ist:

(1) An die Adresse der politisch-interessierten Oeffentlichkeit

STELLT Wohlrabe die Regierung ALS nicht-kooperationswillig BLOSS

indem er der Regierung VORWIRFT, kein Interesse an der Aussprache über die Gebührenerhöhung im Bereich des Postwesens zu haben, indem er FESTSTELLT, Es ist kein Minister hier! und wobei er diese Feststellung NEGATIV BEWERTET

wobei er UNTERSTELLT, dass Bundesminister einer Anwesenheitspflicht unterliegen

wobei er UNTERSTELLT, dass neue Argumente in die Diskussion zwischen Regierung und Parlament eingebracht werden würden

wobei er UNTERSTELLT, dass die Diskussion zu einer Aenderung der politischen Verhaltensweisen führen wird.

Die CDU/CSU-Opposition versucht also durch ihre Zwischenrufe das Ansehen der Bundesregierung vor der Oeffentlichkeit dadurch zu schmälern, dass sie diese beschuldigt, durch Nicht-Anwesenheit an der kritischen Aussprache mit der Opposition kein Interesse zu haben, nicht kooperativ zu sein und lediglich Ignoranz zu zeigen. Dass die Feststellung Es ist kein Minister hier! als Vorwurf zu interpretieren ist, wird durch den nachfolgenden Zwischenruf der CDU/CSU-Fraktion, So wenig Interesse haben die!, gestützt. Die Opposition versucht durch ihre Zwischenrufe an die Adresse der Oeffentlichkeit, die gesamte Aktuelle Stunde zum Problem der Gebührenerhöhung als Forum der parteipolitischen Werbung umzufunktionieren.

(2) An die Adresse der stellvertretenden Regierungsmitglieder und die der regierungstragenden Fraktionen im Parlament STELLT Wohlrabe die Regierung ALS UNFÄHIG HIN,

indem er den Ministern VORWIRFT, vor der Diskussion Angst zu haben,

indem er FESTSTELLT, Es ist kein Minister hier! und wobei er diese Feststellung NEGATIV BEWERTET

wobei er UNTERSTELLT, dass sich Minister aus taktischen Gründen von ihren Staatssekretären vertreten lassen.

Dass die Annahme einer solchen Unterstellung gerechtfertigt ist, zeigen spätere Aeusserungen der CDU/CSU-Redner, die die Ausführungen der Staatssekretäre und der SPD-Fraktion sehr modest bewerten: So bedauert Stücklen (CDU/CSU) in seiner Replik auf die Rede des SPD-Abgeordneten Wuttke die durch die Fraktionsdisziplin festgelegten Aeusserungen:

(6) Frau Präsidentin! Meine Damen und Herren! Herr Kollege Wuttke, Sie haben eine undankbare Aufgabe wahrzunehmen gehabt. Dass Sie Ihren Unmut dann über mich ausgelassen haben, bedaure ich ein bisschen. Aber Sie sind nicht der, der hier Rede und Antwort stehen sollte. (...) Der Rede und Antwort stehen sollte, ist nicht da. (...)

Dass die Feststellung, Es ist kein Minister hier!, an die Adresse der übrigen Parlamentarier als Vorwurf zur taktischen Abwesenheit zu interpretieren ist, wird durch einen späteren Zwischenruf der CDU/CSU-Fraktion gestützt, in dem ein Abgeordneter behauptet, Die Regierung versteckt sich hinter den Beamten!. Die Opposition versucht durch ihre immerwährenden Zwischenrufe an die Adresse der übrigen Parlamentarier und der Regierung die Aktuelle Stunde zu einer grundsätzlichen Auseinandersetzung über den Jahreshaushalt der Regierung zu machen, indem sie die Anwesenheit der dafür zuständigen Minister fordert. Die Analyse der Aeusserung Es ist kein Minister hier! zeigt, dass sie nicht nach ihrem "Nennwert" (DIECKMANN 1981, 262) als Feststellung beschrieben werden darf, sondern von den politischen Akteuren in Szene gesetzt wird, um den Parlamentariern die Unfähigkeit der Minister und damit die der Regierung zu demonstrieren und andererseits die Regierung vor der Oeffentlichkeit als nichtkooperationswillig blosszustellen.

3. Ausblick: Analysebereiche mehrfachadressierter Kommunikation

Aufgrund der Mehrfachadresse parlamentarischer Debattenbeiträge werden also Bedingungen (z.B. Anwesenheit, Aufmerksamkeit usw.) und Debattenmuster (z.B. Argumentation, Ausreden-lassen usw.) unterstellt, die für "normale" Diskussionen und Debatten erstrebenswert sind und evtl. Gültigkeit besitzen, für das Sprachhandeln im Deutschen Bundestag jedoch nicht zutreffen. DIECKMANN (1969, 101) betont daher zu Recht, dass "die Formen der Beratungssprache" den "Erwartungen der Oeffentlichkeit" entsprechen, "dass die Parteien in Rede und Gegenrede die Kraft der Argumente und der Sprache bemühen, um sich gegenseitig zu überzeugen." Dies bedeutet, dass Zwischenrufe und der durch die reaktive Rednerstellungnahme initiierte kurze Disput als Scheingefechte vor der Oeffentlichkeit geführt werden und auf der Grundlage der Mehrfachadresse parlamentarischer Debattenbeiträge beschrieben werden müssen. Die Parteien versuchen in bezug auf das Parlament der Oeffentlichkeit "das Bild einer beratenden Körperschaft" zu vermitteln "und verdecken die Verhandlungs- und Beratungssituationen, die vorausgegangen sind" (DIECKMANN 1969, 101) und versuchen sogar, die idealisierte Auffassung vom Diskussionscharakter des Parlamentes in Verfassung und Geschäftsordnung institutionell zu verankern (vgl. ACHTERBERG 1979; HOLLY 1982).

Die "Doppelung der Realität des Politischen" sowie deren Auswirkung auf das Sprachhandeln in politisch-institutionellen Prozessen scheint mir ein nicht widerlegbares Faktum. Die exemplarische Analyse eines Zwischenrufes, als Beispiel einer inszenierten parlamentarischen Kommunikationsform belegt die Annahme mehrfachadressierter Sprachhandlungen - zumindest für die Kommunikation in Institutionen. Zum Abschluss möchte ich einige Aufgabenbereiche nennen, die für den Bereich einer mehrfachadressierten Kommunikation von Bedeutung sind:

Die These von der Mehrfachadressierung einer Sprachhandlung erfordert eine differenzierte Funktionsbeschreibung von Aeusserungen für verschiedene Adressaten: Mit ein und derselben Aeusserung kann ein Sprecher verschiedene Sprachhandlungen vollziehen und verschiedene perlokutive Effekte erreichen.

Die Annahme der Mehrfachadresse sprachlicher Aeusserungen modifiziert und verändert die bisherige Vorstellung der dyadischen Ich-Du-Kommunikation insofern, als Sprecher, Adressat und Zuhörer nicht mehr allein hinsichtlich der Merkmalspaare "angesprochen" vs. "nicht-angesprochen", "aktiv" vs. "passiv" usw. bestimmt werden können.

Es bleibt zu prüfen, ob die Annahme mehrfachadressierter Sprachhandlungen nicht auch für die Analyse der privatalltäglichen Kommunikation herangezogen werden muss. DIECKMANN (1981, 266) und WUNDERLICH (1972, 37) deuten an konstruierten Beispielen zumindest an, dass auch zur Beschreibung alltäglicher Aeusserungen die Doppeladressierung herangezogen werden muss.

Es müsste einmal festgestellt werden, in welchen Schreib- und Gesprächsbereichen ein Reden- bzw. Schreiben-vor-einer-Oeffentlichkeit vorkommt. Dies bedingt auch eine Diskussion und Differenzierung des Begriffes "Oeffentlichkeit". Als Gesprächsbereiche sind von Interesse: Debatten, Interviews, Podiumsdiskussionen, Reden, Gebete, aber auch besondere Formen des Alltagsgesprächs; als Schreibbereiche kommen in Frage: Beistandsverträge, Offene Briefe usw.

Es gibt sicherlich auch Fälle, in denen die Oeffentlichkeit direkt angesprochen wird, eigentlich aber irgendein im engeren Sinne politisch Handelnder gemeint ist: Politiker nutzen die Massenmedien - Pressekonferenzen, Presseerklärungen - um z.B. dem Verhandlungspartner und -gegner in Tarifauseinandersetzungen oder dem politischen Gegner in internationalen Auseinandersetzungen etwas mitzuteilen.

Bei der Analyse mehrfachadressierter Sprachhandlungen müsste differenziert werden, ob absichtlich oder unabsichtlich angesprochene Partner in gleicher Weise als Adressaten bezeichnet werden können. Als Adressaten kommen beispielsweise alle direkt Angesprochenen infrage, aber auch diejenigen, die nicht-anwesend sind, aber auch diejenigen, von denen der Sprecher annehmen kann, dass sie seine Aeusserungen hören oder lesen, oder aber auch solche, von denen der Sprecher annimmt, dass ihnen die Aeusserung in der einen oder anderen Form bekannt gemacht wird (vgl. Wunderlich 1972, 37).

Literatur

Achterberg, N. (1979): Die parlamentarische Verhandlung. Berlin.

Ammann, H. (1925/1928; 1974): Die menschliche Rede. Teil I u. II. 4. Auflage. Lahr im Schwarzwald; Darmstadt.

Braunroth, M./G. Seyfert/K. Siegel/Fr. Wahle (1975): Ansätze und Aufgaben der linguistischen Pragmatik. Frankfurt/M.

Bublitz, W./P. Kühn (1981): Aufmerksamkeitssteuerung: Zur

Verstehenssicherung des Gemeinten und des Mitgemeinten. In: Zeitschrift für germanistische Linguistik 9.1, 55-76.

Dieckmann, W. (1969): Sprache und Politik. Einführung in die Pragmatik und Semantik der politischen Sprache. Heidelberg.

Dieckmann, W. (1981): "Inszenierte Kommunikation". Zur symbolischen Funktion kommunikativer Verfahren in (politisch-) institutionellen Prozessen. In: W. Dieckmann: Politische Sprache. Politische Kommunikation. Vorträge, Aufsätze, Entwürfe. Heidelberg, 255-279.

Edelman, M. (1964): The Symbolic Uses of Politics. Urbana. (6. Aufl. 1974).

Edelman, M. (1976): Politik als Ritual. Die symbolische Funktion staatlicher Institutionen und politischen Handelns. Frankfurt/M.

Euchner, W. (1972): Parlamentarismus. In: A. Görlitz (Hrsg.): Handlexikon zur Politikwissenschaft. Bd. 2. Reinbek bei Hamburg, 304-309.

Goffman, E. (1976): Replies and Responses. In: Language and Society 5, 257-313.

Grice, H.P. (1975): Logic and Conversation. In: P. Cole and J.L. Morgan (Ed.): Speech Acts. New York, 41-58.

Henne, H./H. Rehbock (1979): Einführung in die Gesprächsanalyse. Berlin.

Holly, W. (1982): Zur Geschichte parlamentarischen Sprachhandelns in Deutschland. Eine historisch-pragmatische Skizze aus ersten Sitzungen von verfassungsgebenden Versammlungen. In: Zeitschrift für Literaturwissenschaft und Linguistik (demnächst).

Laufer, H. (1968): Die demokratische Ordnung. Eine Einführung. 2. Aufl. Stuttgart.

Loewenberg, G. (1971): Parlamentarismus im politischen System der Bundesrepublik Deutschland. Ungekürzte Sonderausgabe. Stuttgart.

Röhring, H.-H. (1970): Parlamentarischer Staatssekretär. In: H.-H. Röhring/K. Sontheimer (Hrsg.)(1970), 337-342.

Röhring, H.-H./K. Sontheimer (Hrsg.)(1970): Handbuch des deutschen Parlamentarismus. Das Regierungssystem der Bundesrepublik in 270 Stichworten. München.

Ronge, V. (1970): Staatssekretär. In: H.-H. Röhring/K. Sontheimer (Hrsg.)(1970), 460-462.

Sontheimer, K. (1971): Grundzüge des politischen Systems der Bundesrepublik Deutschland. München.

Verhandlungen des Deutschen Bundestages (1972): 6. Wahlperiode. Stenographische Berichte Bd. 79. 175. Sitzung. Bonn, Donnerstag, den 2. März 1972. Bonn.

Wette, W. (1968): Modus und Stil der parlamentarischen Diskussion im Bundestag. In: Zeitschrift für Politik 5 (N.F.), 181-188.

Wunderlich, D. (1972): Zur Konventionalität von Sprechhandlungen. In: D. Wunderlich (Hrsg.): Linguistische Pragmatik. Frankfurt/M., 11-58.

VERZEICHNIS DER AUTOREN UND HERAUSGEBER

ABRAHAM, Werner. Germanistisch Instituut,Rijksuniversiteit Groningen, Grote Rozenstraat 15, NL 9712 TG Groningen.

BUBLITZ, Wolfram. Fachbereich Sprach- und Literaturwissenschaft der Universität Trier, D 5500 Trier.

DAALDER, Saskia. Vrije Universiteit, Fakulteit der Letteren, Postbus 7161, NL 1007 MC Amsterdam.

DETERING, Klaus. Englisches Seminar der Pädagogischen Hochschule Kiel, Olshausenstraße 75 , D 2300 Kiel.

DORFMÜLLER-KARPUSA, Käthi. Fakultät für Linguistik und Literaturwissenschaft der Universität Bielefeld, Postfach 8640, D 4800 Bielefeld 1.

ECKERT, Hartwig. Pädagogische Hochschule, Mürwicker Str. 77, D 2390 Flensburg.

FIEHLER, Reinhard. Fakultät für Linguistik und Literaturwissenschaft der Universität Bielefeld, Postfach 8640, D 4800 Bielefeld 1.

FOREL, Claire-Antonella. Avenue du Lignon 13, CH 1219 Le Lignon.

JONGEN, René. Centre de Recherche en Sémiotique des Facultés Universitaires Saint-Louis, Boulevard du Jardin Botanique 43, B 1000 Bruxelles.

KNOP, de,Sabine. Centre de Recherche en Sémiotique des Facultés Universitaires Saint-Louis, Boulevard du Jardin Botanique 43, B 1000 Bruxelles.

KÖRNER, Karl-Hermann. Romanistikabteilung der Technischen Universität Braunschweig, Wendenring 1, D 3300 Braunschweig.

KÜHN, Peter. Universität Trier, Postfach 3825, D 5500 Trier.

LAVENCY, Marius. Facultés Universitaires Saint-Louis, Boulevard du Jardin Botanique 43, B 1000 Bruxelles.

MÜLLER, Hermann. Deutsch-Französisches Hochschulinstitut für Technik und Wirtschaft, Saaruferstraße 66, D 6600 Saarbrücken.

NELDE, Peter H. Onderzoekscentrum voor Meertaligheid, Universitaire Faculteiten Sint-Aloysius, Vrijheidslaan 17, B 1080 Brussel.

NORRICK, Neal R. Fachbereich Anglistik und Romanistik der Gesamthochschule Kassel, Heinrich-Plett-Straße 40, D 3500 Kassel.

OKON, Luzian. Via degli Olmi 8, CH 6648 Minusio.

QUIX, Marie-Paule. Onderzoekscentrum voor Meertaligheid, Universitaire Faculteiten Sint-Aloysius, Vrijheidslaan 17, B 1080 Brussel.

RAINER, Franz. Institut für Romanistik der Universität Salzburg, Akademiestraße 24, A 5020 Salzburg.

ROHDENBURG, Günter. Englisches Seminar der Universität Münster, Johannisstraße 12-20, D 4400 Münster.

RUDOLPH, Elisabeth. Lentersweg 46, D 2000 Hamburg 63.

SCHMITZ, Ulrich. Universität - Gesamthochschule - Duisburg, FB 3, Lotharstraße 65, D 4100 Duisburg.

SIEBERT-OTT, Gesa. Institut für deutsche Sprache und Literatur der Universität zu Köln, Albertus-Magnus-Platz, D 5000 Köln 41.

SROKA, Kazimierz A. Pomorska 15A30, 80 333 Gdansk-Oliwa, Polen.

TURNBULL, Ronald. Pädagogische Hochschule, Mürwicker Str. 77, D 2390 Flensburg.

ZELINSKY-WIBBELT, Cornelia. Hessenring 63, D 4950 Minden.

ZILLIG, Werner. Germanistisches Seminar der Westfälischen Wilhelms-Universität Münster, Johannisstraße 1-4, D 4400 Münster.

FSC
www.fsc.org
MIX
Papier | Fördert
gute Waldnutzung
FSC® C083411

Kolibri 360 GmbH
Ferdinand-Jühlke-Straße 7
99095 Erfurt, Deutschland
produktsicherheit@kolibri360.de